民航空中交通管理系列丛书

航　图

陶　媚　编著

清华大学出版社
北京交通大学出版社
·北京·

内 容 简 介

本书主要以中国民用航空局发布的《中国民航国内航空资料汇编》（NAIP）以及《中华人民共和国航空资料汇编》（AIP）中的航图为实例，按飞行的实施过程分章节对《国际民用航空公约》附件4中规定的各种航图的航图要素和识图方法进行了详细介绍，包括机场图、离场图、航路图及区域图、进场图、进近图、机场障碍物图、精密进近地形图、ATC监视最低高度图等。

本书内容详尽，循序渐进，在详细解释各种航图识图方法的同时，也介绍了民航局对每种航图的编绘规范，并以航线制作案例详细阐述了航图的应用。本书中提供了丰富的实图讲解，便于读者深度理解航图在飞行组织与实施过程中的作用。各章附有习题，便于思考和复习。

本书可作为民航高等院校交通运输专业管制、签派、现场指挥等方向学生的航图课程教材，也可以作为一线相关运行人员的参考书籍。

本书封面贴有清华大学出版社防伪标签，无标签者不得销售。
版权所有，侵权必究。侵权举报电话：010-62782989　13501256678　13801310933

图书在版编目（CIP）数据

航图 / 陶媚编著. —北京：北京交通大学出版社；清华大学出版社，2015.8（2025.4重印）
ISBN 978-7-5121-2344-1

Ⅰ. ①航… Ⅱ. ①陶… Ⅲ. ①航空导航-导航图 Ⅳ. ①V249.3

中国版本图书馆 CIP 数据核字（2015）第 181030 号

责任编辑：谭文芳　　特邀编辑：李晓敏	
出版发行：清 华 大 学 出 版 社　邮编：100084　电话：010-62776969　http://www.tup.com.cn	
北京交通大学出版社　邮编：100044　电话：010-51686414　http://www.bjtup.com.cn	
印 刷 者：北京虎彩文化传播有限公司	
经　　销：全国新华书店	
开　　本：185×260　印张：14.25　字数：362千字	
版　　次：2015年8月第1版　2025年4月第11次印刷	
书　　号：ISBN 978-7-5121-2344-1/V·2	
定　　价：69.00元	

本书如有质量问题，请向北京交通大学出版社质监组反映。对您的意见和批评，我们表示欢迎和感谢。
投诉电话：010-51686043，51686008；传真：010-62225406；E-mail：press@bjtu.edu.cn。

前　言

　　任何一个航班的正常运行都离不开及时准确的航空情报资料，因此正确解读和使用情报资料对航空领域工作的飞行员、签派员、管制员、情报员是非常重要的。其中航图手册是资料中非常重要的一部分，航图中承载了大量多样化的专业服务信息，且拥有特有的格式和符号，因此需要一本与实际密切联系、紧跟情报业务发展，具有大量实图讲解的航图教程。

　　本书围绕航图的应用和发布两条主线进行编写，其中以航图的应用作为重点主线，围绕航空运行中的各种实际案例，详细解释各种航图在飞行组织与实施过程中的作用，并给出了民航局对每种航图的编绘规范。本书对引自《中国民航国内航空资料汇编》（NAIP）航图中的坐标数据进行了处理，本书中的航图仅适用于教学。本书可作为民航高等院校交通运输专业管制、签派、现场指挥等方向学生的航图课程教材。由于本书编入了大量的实图讲解，因此也可以作为一线相关运行人员的参考书籍。

　　本书由中国民航大学空中交通管理学院陶媚主编。其中第1、2、3、4、5、6、7、8、9、10章由陶媚编写，第11章由卢婷婷、陶媚和王金龙共同编写，编写过程中得到了民航局空管局情报中心、东方航空公司飞行情报部、厦门航空公司情报室的大力支持。戴福青、吴维、侯红英、宋晔、卢婷婷、王金龙对书稿进行了认真的审阅，并提出了许多修改意见和建议，对提高本书质量起了重要作用。编写中作者还参考了国际民航组织和中国民航最新颁布的有关管理规章、标准和规范，同时还参阅了大量公开出版的有关书籍，在此，编者一并向上述专家和文献作者致以诚挚谢意。

　　由于编者水平所限，书中难免存在不妥之处，恳请有关专家和读者指正，以便再版时修改补充。

编者

2015年6月

目　　录

第 1 章　绪论···1
1.1　航图定义及特征···1
1.2　航图的一般制图规范···1
1.3　航图分类···4
1.4　航图修订···6
思考题···6

第 2 章　航图编绘···7
2.1　航图编绘数学基础···7
2.1.1　地球的定位系统···7
2.1.2　投影系统···10
2.1.3　比例尺···12
2.2　航图编绘基本要求···12
2.2.1　基准面、比例尺和计量单位···12
2.2.2　航图编绘精度要求···12
2.2.3　地貌、地物和障碍物的描绘···13
2.2.4　国境线···14
2.3　航图编绘流程···14
思考题···14

第 3 章　机场图及停机位置图···15
3.1　图幅布局及航图要素···15
3.1.1　图幅布局···15
3.1.2　标题栏···16
3.1.3　平面图···19
3.1.4　灯光系统···31
3.1.5　起飞最低标准···37
3.1.6　图边信息···40
3.2　制图标准···40
3.2.1　图幅规格与编号···40
3.2.2　制图比例尺···40
3.2.3　编绘准备工作···40
3.2.4　平面图的编绘···40

3.2.5　其他 ··· 41
3.3　停机位置图 ··· 41
　　3.3.1　航图要素 ··· 42
　　3.3.2　制图标准 ··· 43
思考题 ··· 43

第 4 章　标准仪表离场图 ·· 44

4.1　图幅布局及航图要素 ·· 44
　　4.1.1　图幅布局 ··· 44
　　4.1.2　标题、备注和图边注记 ·· 45
　　4.1.3　平面图 ·· 46
4.2　离场图图例 ··· 58
　　4.2.1　采用传统导航方式 ·· 58
　　4.2.2　采用基于性能导航的导航方式 ··· 59
4.3　制图标准 ·· 64
　　4.3.1　编绘准备工作 ·· 64
　　4.3.2　制图比例尺及底图编绘 ·· 65
　　4.3.3　航空要素 ··· 65
　　4.3.4　其他 ··· 66
思考题 ··· 67

第 5 章　航路图及区域图 ··· 68

5.1　航路图图幅布局及航图要素 ·· 68
　　5.1.1　封面和封底信息 ·· 68
　　5.1.2　底图信息 ··· 72
　　5.1.3　导航设施、航路点和机场 ··· 73
　　5.1.4　航路 ··· 76
　　5.1.5　等待程序 ··· 79
　　5.1.6　空域 ··· 81
5.2　航路图制图标准 ··· 83
　　5.2.1　分幅原则和图幅编号 ·· 83
　　5.2.2　编绘准备工作 ·· 84
　　5.2.3　底图编绘 ··· 84
　　5.2.4　航空要素 ··· 84
　　5.2.5　封面封底 ··· 85
5.3　区域图 ·· 85
　　5.3.1　区域图应用 ··· 85
　　5.3.2　制图标准 ··· 87
思考题 ··· 87

第 6 章　标准仪表进场图 88

6.1　图幅布局及航图要素 88
6.1.1　图幅布局 88
6.1.2　标题、备注和图边注记 89
6.1.3　平面图 89

6.2　进场图图例 90
6.2.1　采用传统导航方式 90
6.2.2　采用 PBN 导航方式 92

6.3　制图标准 94
6.3.1　编绘准备工作 94
6.3.2　制图比例尺及底图编绘 95
6.3.3　航空要素 95
6.3.4　其他 96

思考题 96

第 7 章　仪表进近图 97

7.1　图幅布局及航图要素 97
7.1.1　图幅布局 97
7.1.2　标题栏、备注和图边注记 99
7.1.3　平面图 102
7.1.4　剖面图 113
7.1.5　进近过程描述 116
7.1.6　机场着陆最低标准 116
7.1.7　附加资料 127

7.2　进近图图例 129
7.2.1　采用传统导航方式 129
7.2.2　采用 PBN 导航方式 132

7.3　制图标准 135
7.3.1　图幅结构及制图比例尺 135
7.3.2　编绘准备工作 135
7.3.3　平面图的编绘 135
7.3.4　剖面图的编绘 136
7.3.5　机场着陆最低标准及附加资料 137
7.3.6　其他 137

思考题 137

第 8 章　机场障碍物图 138

8.1　机场障碍物图-A 型 138
8.1.1　图幅布局及航图要素 138

8.1.2　制图标准 ············ 143
　8.2　机场障碍物图-B型 ············ 145
　　　8.2.1　图幅布局及航图要素 ············ 146
　　　8.2.2　制图标准 ············ 154
　思考题 ············ 158

第9章　精密进近地形图 ············ 159

　9.1　图幅布局及航图要素 ············ 159
　　　9.1.1　图幅布局 ············ 159
　　　9.1.2　航图要素 ············ 159
　9.2　制图标准 ············ 161
　　　9.2.1　图幅结构及制图范围 ············ 161
　　　9.2.2　编绘准备工作 ············ 162
　　　9.2.3　平面图的编绘 ············ 162
　　　9.2.4　剖面图的编绘 ············ 162
　　　9.2.5　其他 ············ 163
　思考题 ············ 163

第10章　ATC监视最低高度图 ············ 164

　10.1　图幅布局 ············ 164
　10.2　航图要素 ············ 165
　思考题 ············ 167

第11章　航图应用 ············ 168

　11.1　航线制作的原则 ············ 168
　11.2　航线制作流程 ············ 168
　　　11.2.1　准备阶段 ············ 168
　　　11.2.2　实施阶段 ············ 168
　11.3　航线制作案例 ············ 175
　　　11.3.1　已公布走向的国内航线制作 ············ 175
　　　11.3.2　未公布走向的国内航线制作 ············ 180
　思考题 ············ 186

附录A　缩略语 ············ 187

附录B　宁波/栎社机场的终端区图 ············ 190

参考文献 ············ 218

第 1 章 绪 论

现代航空运输以其高速、舒适、安全的特点，在当今追求速度和效益的世界已占据了重要地位，随着社会的发展，其作用还将越来越重要。在航空领域工作的飞行员、签派员、管制员、情报员等专业人士需要大量多样化的专业服务信息，航图是获得这些信息最有效的资源之一。通过航图可以快速地查阅通信、导航设施、仪表飞行程序、机场等相关信息，航图为航行中得到现行、全面和权威性的航行数据提供了保障。在航空事业高度发达的今天，航图以其使用方便、资料信息集中等特点，成为保证飞行安全的重要工具。

1.1 航图定义及特征

航图是指以满足民用航空运行及其他航空活动的需要为目的，表示各种航空要素及必要的自然地理和人文要素的专用地图。航图是以表现机场、导航台、航线及各种助航设施等一些航行要素的空间分布为主要内容的图，全称为航空地图（Aeronatical Chart）。

航图属于地图的范畴，它是建立在地图学基本理论之上的一个特殊地图系列，其制图理论、制图方法和制图技术都以地图学为基础，因此航图既具备一般地图的特性，也因其表述内容的特殊性而具备专有特性，其具备的一般地图的特性包括：① 由特殊的数学法则产生的可测量性，地图是按严格的数学法则编制的，它具有地图投影、比例尺和定向等数学基础，从而可以在地图上量测位置、长度、面积等数据，使地图具有可测量性，同样，按照一定比例尺绘制的航图也具有可测量性；② 由使用地图符号表达事物产生的直观性，地图符号系统称为地图的语言，它们是按照世界通用的法则设计的、同地面物体对应的经过抽象的符号和文字标记，用地图语言再现的客观实体，具有很强的直观易读性；③ 由制图综合产生的一览性，制图综合是地图作者在缩小比例尺制图时的第二次抽象，用概括和选取的手段突出地理事物的规律性和重要目标。随着地图比例尺的缩小，就产生了地面上繁多的事物与图面有限容量之间的矛盾。制图者必须根据地图的用途，舍去与地图用途关系较小的事物，而将关系较大的事物表示出来。制图综合的实质是有目的地力求表达地面上与制图目的最相关、最重要的事物和它们的特征，舍去或简化次要的、相关性较小的内容。而因其用途的特殊性，具备了独有的航空特性，航图除描述自然地理和人文要素外，重点描述和航空运行直接相关的航空要素，包括通信频率、导航设施及飞行程序等内容。

1.2 航图的一般制图规范

航空运输以其高速的优势成为跨国、跨洲、跨洋旅行的首要交通工具，它给长途旅行带来了便利条件，然而跨国飞行却给航图的制作带来了问题，由于各国的科学技术发展水平不同，制图技术也有差异，因此可能造成航图的制作方法、表示方式及内容的详尽程度千差万别，为了避免这一情况的出现，国际民航组织从 1944 年开始制定航图的国际标准和建议措施，1948 年正式通过了航图标准与建议措施，并把这些标准和建议措施指定为《国际民用航空公约》附件 4——《航图》。附件 4 中主要规定了航图制作的一般规范、航图的种类及每种航图应描述的航图要素，为了保证各个国家能够更好地执行附件 4 的要求，国际民航组织出版了 8697 文件《航图手册》。

航图因其仅为航行提供资料，用户单一，且主要使用者是飞行员，飞行员使用航图多是在飞行中、驾驶舱里，并且在人工光源下阅读，因而考虑到航图的这些使用特点，在制作航图时规定了以下几点要求。

1. 图幅尺寸

航图主要是为飞行员在飞行中或滑行时在驾驶舱中使用而制作的。由于驾驶舱很窄小，为了使用方便，航图的图幅不宜太大，特别是在起飞和着陆之间空中飞行时使用的航图，如：标准仪表进场图、标准仪表进近图等。制图时应选择适当的比例尺，使其图幅适中。国际民航组织将其缔约国多年制图和用图者的经验加以总结，得出在驾驶舱中使用的航图最佳尺寸为 210 mm×148 mm，即国际标准组织规定的 A5 尺寸。有的航图实在无法将图幅缩小到这个尺寸，应折叠成相当的大小，且折叠方法应保证在驾驶舱中使用方便，如航路图。

2. 负载量

负载量是指图面上各种线划、符号和注记所占面积的比例。一幅图上的负载量是有一定限制的，负载量太大会造成图幅紊乱，影响图的可读性。彩色图的负载量比单色图的要大，因此制图界通常对一般的图都采用彩色，同时注意色彩的搭配来尽可能增大图的负载量。然而，航图却恰恰相反，在满足所需资料的前提下，应尽可能降低负载量。这是因为航空器在空中飞行时，虽然很平稳，但由于气流的扰动、发动机的震动等，使得读图比在地面上困难。飞行员在读图时，不可能将全部注意力集中在图上，他必须随时注意航空器的姿态等情况，并且在空中飞行时，由于氧气的含量要比地面低，人的大脑反应速度明显减慢，据估计，在空中人大脑的反应能力最多只能达到地面的 80%，因此，航图在制作过程中，将所有与飞行无直接关系的要素统统略去，以减少负载量，突出航行有关要素。

3. 颜色

用彩色制作和印刷航图，可以增加图的负载量和可读性。但由于航图中的航行要素变化较快，有时一些环境要素发生变化也要求航图更新，这样就要求航图的更新速度加快，并且航图的用户少，因此为了降低航图的成本，要求航图尽量减少所用色彩的数量或直接用单色制作和印刷。

当某些航图必须制作成彩色图时，应考虑到飞行员在驾驶舱里，利用人工光源读图这一情况。选择色彩时，必须保证图上所有的颜色在人工和天然光线下容易分辨、阅读和判断航图中的各要素。目前的航图多数用单色印刷，若用彩色制作，一般也只采用黑、灰和蓝色这三色印刷。但是随着航图上信息量的不断增大，为了使信息的表达更加清晰，也出现了黄色、粉色等更多的颜色，如图 1-1 所示（请扫描本章二维码）。

4. 资料的现势性

资料的现势性是指图上内容与实际事物相一致的程度。当今航空运输如此繁忙，世界上每时每刻都有航空器在空中运行。航图是飞行时领航资料的一个重要来源，如果有一点差错，都可能造成不可想象的后果，因此航图所提供资料的现势性显得非常重要。为了便于航图用户在使用航图过程中，发现图上有可疑之处或者矛盾的地方时，知道向何处咨询，同时也为了咨询的方便，在每张航图上都必须注明航图出版机构的名称和地址，同时注明航图系列的编号及航行资料的公布日期和生效日期。

5．航图的定位方法

一般的地图，在制图时只需将正上方指向真北、标出经纬网格，注明经纬度及磁差即可，而在航图中却还不够，这与飞行时航空器的定位方法有关。现代航空器使用无线电罗盘、惯导系统及机载卫星定位设备进行定向和定位。为了防止由于这些设备故障而导致飞行事故，任何先进航空器，都必须装有原始磁罗盘。原始磁罗盘利用地磁来定向，只有很简单的机械设备，除激烈的碰撞外，永远不出故障，而其他先进设备都可采用真北定位。为了避免矛盾，航图采用一种综合的定位方法，即航图中的所有地物和符号都采用真北定位的方法进行绘制，而所有需要注明方向的数据，都以磁北为基准进行标注。

6．地形标绘的要求

地形是指地表高低起伏的形态，是航行中的重要要素，直接影响航行的安全。地形的标绘可以满足使用者定向、定位及安全超障的需要，因此相关航图上会标绘地形。地形标绘一般综合使用等高线、分层设色、标高点和地貌晕渲法。但选择上述方法时要考虑航图性质、比例尺及用途等因素。如果使用标高点表示地形特点，则必须标出选定的突出标高点。如果对标高点数值的准确性有怀疑时，那么在数值后用"±"符号注明。

7．航图的衔接关系

航空器的飞行过程如图1-2所示。航空器从起飞机场的停机位开始，到目的地机场的停机位置止，整个飞行过程分为以下几个阶段：从航空器停机位置开始滑行至起飞位置；起飞并爬升至航路的巡航高度；航路飞行；下降至进近开始点；进近着陆至复飞；着陆后滑行至停机位置。不同的阶段需使用不同的航图，当航空器从一个阶段到另一个阶段时，通常需要更换航图，因此，各种类型的航图必须提供与其飞行阶段相关的资料，并且制图过程中应特别注意航图之间的衔接关系，以保证所提供资料的连续性。各类航图上标绘的资料，必须便于按相应的飞行阶段，从一幅图平稳地过渡到另一幅图。

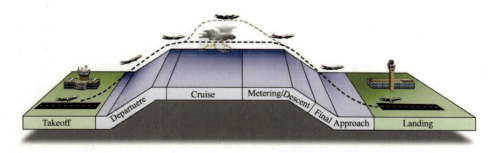

图1-2　航空器的飞行过程

除了上述几点外，附件4规定了资料的标绘必须准确、清晰、不变形、不杂乱，在所有正常使用条件下均易于判读；所用的颜色或色调和字体大小，必须使飞行员能在不同的自然或人工光线的条件下看懂；资料的编排形式必须使飞行员能在一个与其工作量和工作条件相适应的合理时间内获取有关资料。另外，对航图中诸如符号、计量单位、比例尺、投影、简缩字的使用、空中交通服务空域的标注、禁区、限制区、危险区的表示、其他资料等规范，将在以后具体航图的介绍中说明。

1.3 航图分类

国际民用航空组织（International Civil Aviation Organization，ICAO）在附件4《航图》部分规定了18种航图的制图规范和要求。这些规范和要求对于更好地识图、用图，具有十分重要的作用。现就18种航图及其适用范围分别介绍如下。

（1）机场障碍物图—ICAO A 型（运行限制），供国际民用航空定期使用的所有机场必须提供机场障碍物图—ICAO A 型（运行限制）。但是起飞航径区内无障碍物或者提供机场地形和障碍物图—ICAO（电子）的机场可以例外。

（2）机场障碍物图—ICAO B 型，供国际民用航空定期使用的所有机场，建议提供机场障碍物图—ICAO B 型。

（3）机场地形和障碍物图—ICAO（电子版），自 2015 年 11 月 12 日起，为国际民用航空定期使用的机场必须提供机场地形和障碍物图—ICAO（电子版）。

（4）精密进近地形图—ICAO，国际民用航空使用的所有 Ⅱ、Ⅲ类精密进近跑道的机场，必须绘制精密进近地形图—ICAO，但在机场地形和障碍物图—ICAO（电子版）提供了所需资料的机场可以例外。

（5）航路图—ICAO，所有建立飞行情报区的地区，都必须提供航路图—ICAO。

（6）区域图—ICAO，当 ATS 航路或位置报告要求复杂而不能在一张航路图—ICAO 上标绘清楚时，必须提供区域图—ICAO。

（7）标准仪表离场图—ICAO，凡已建立标准仪表离场航线但又不能在区域图—ICAO 上标绘清楚时，必须绘制标准仪表离场图（Standard Instrument Departure，SID）—ICAO。

（8）标准仪表进场图—ICAO，凡已划设标准仪表进场航线但又不能在区域图上标绘清楚时，必须绘制标准仪表进场图（Standard Instrument Arrival，STAR）—ICAO。

（9）仪表进近图—ICAO，供国际民用航空使用，并已由有关国家制定了仪表进近程序的全部机场，必须绘制仪表进近图—ICAO。

（10）目视进近图—ICAO，所有供国际民用航空使用的机场，如果这些机场：仅具备有限的导航设施；或没有无线电通信设施；或没有机场及其周边地区 1:500 000 的合适航图或更大比例尺的航图；或已制定目视进近程序，必须提供目视进近图—ICAO。

（11）机场/直升机场图，所有供国际民用航空定期使用的机场/直升机场，必须提供机场/直升机场图—ICAO。

（12）机场地面活动图—ICAO，由于资料繁杂而不能在机场/直升机场图—ICAO 上清楚地表示航空器沿滑行道进、出航空器停机位的地面活动所必要的详细资料时，建议提供机场地面活动图—ICAO。

（13）航空器停放/停靠图—ICAO，由于航站设施复杂而不能在机场/直升机场图—ICAO，或机场地面活动图—ICAO 上清楚地注明资料时，建议提供航空器停放/停靠图—ICAO。

（14）世界航图—ICAO 1:1 000 000，必须提供划定区域的世界航图—ICAO 1:1 000 000。如果基于航行或制图方面的考虑表明航空地图—ICAO 1:500 000 或航空领航图—ICAO 小比例尺即能有效地满足航行的要求时，可印制上述任何一种图，以代替 1:1 000 000 的基本航图。

（15）航空地图—ICAO 1:500 000，建议提供《国际民用航空公约》附件 4 附录 5 划定的全部区域的航空地图—ICAO 1:500 000。

（16）航空领航图—ICAO 小比例尺，建议提供《国际民用航空公约》附件 4 附录 5 划定的全部区域的航空领航图—ICAO 小比例尺。

（17）作业图—ICAO，建议提供作业图以覆盖国际民用航空使用的飞越洋区和居民稀少地区的主要航线。

（18）ATC 监视最低高度图，凡已建立引导程序但又不能在区域图—ICAO、标准仪表离场图—ICAO 或标准仪表进场图—ICAO 清楚标绘最低引导高度时，建议提供 ATC 监视最低高度图—ICAO，以便于飞行机组能够监控和交叉检查管制员使用 ATS 监视系统指定的高度。

但这 18 种航图在航行中的用途是不一样的，因此将这 18 种航图按用途分为 4 类。

① 仅用于做计划的航图：

机场障碍物图—ICAO A 型；

机场障碍物图—ICAO B 型；

机场地形和障碍物图—ICAO（电子版）；

精密进近地形图—ICAO。

② 起飞至着陆之间飞行使用的航图：

航路图—ICAO；

区域图—ICAO；

标准仪表离场图—ICAO；

标准仪表进场图—ICAO；

仪表进近图—ICAO；

目视进近图—ICAO；

ATC 监视最低高度图。

③ 航空器在机场道面上运行时使用的航图：

机场图—ICAO；

机场地面运行图—ICAO；

航空器停放/停靠图—ICAO。

④ 目视领航、作业和计划时使用的航图：

世界航图—ICAO，1:1 000 000；

航空地图—ICAO，1:500 000；

作业图—ICAO；

航空领航图—ICAO，小比例尺。

只有符合《国际民用航空公约》附件 4 第 2 章和为特定航图规定的所有标准时，航图和航图系列的名称才可以包括简缩字"ICAO"。本书中讲述的航图大部分以中国民用航空局发布的《中国民航国内航空资料汇编》（National Aeronautical Information Publication，NAIP）中的航图为例，部分以《中华人民共和国航空资料汇编》（Aeronautical Information Pablication，AIP）中的航图为例，NAIP 和 AIP 中的航图均以《民用航空图编绘规范》作为制图依据，而《民用航空图编绘规范》是根据《国际民用航空公约》附件 4《航图》和 ICAO 8697 文件《航图手册》及我国的具体国情制定的。

1.4　航图修订

航图中的要素分为航空要素和地理要素,其中航空要素对航行的影响较大且它随时都有改变的可能、因此航图保持现行有效对安全至关重要。然而,目前尚无切实有效的方法,使航图完全处于现势的状态,但可以采取修订的方法来控制航图的现势性。

1．修订方法

航图制作单位可采用以下三种方法来保持航图的现势性。

1）手改

手改是简单而有效的解决方法。但由于下列原因,航图用户通常不愿意进行手改。

① 现代航图的复杂性,使手改工作难以较好地完成。

② 大量修改,损害了航图的图面设计,进而影响到航图的易读性。

③ 无法确定是否收到所有的修订资料。

④ 给航图用户增加了额外的负担。

此外,对航图制作单位和分发单位来说,由于必须对库存的资料进行修改,使手改更难以接受,而且手改还可能出现差错。

2）利用修订版

这种修订方法是在原已印好的航图上,再套印修订版,即把库存的航图都取出来套印修订版。它对那些尚未分发的库存航图适用。由于某些航图资料数据复杂,在原来版面上套印后出版的航图,其可读性无疑要受到损坏。

3）出版新版航图

这种修订方法是解决问题的最完美方法,但它也有困难。

① 需要有大规模的制作设施。

② 制作成本高。

③ 现有库存航图因过时而经常作废,造成经济上的损失。

以上三种方法各有利弊,要根据不同情况,决定具体采用哪种方法,才最简便、经济、实用。

2．减少修订的措施

减少修订的最好方法是将影响航图更改的要素减少至最低程度。具体方法如下:

① 在保证航图用途不受影响的前提下,将可变数据的使用保持在最低限度;

② 航图规范应从简,以便在需要进行修订时,尽量减少制图工艺,缩短时间;

③ 相关的系列航图应同时制作。

思考题

1. 航图的定义及特征是什么?
2. 简述航图的分类。
3. 航图的制作依据是什么?
4. 航图的修订方法有哪些?

第 2 章 航 图 编 绘

2.1 航图编绘数学基础

航图编绘的数学基础主要包括地球的定位系统、地图投影、比例尺等。

2.1.1 地球的定位系统

众所周知，地球表面是一个凸凹不平的曲面，而对于地球测量而言，地表是一个无法用数学公式表达的曲面，这样的曲面不能作为测量和制图的基准面。因此以绕大地球体短轴旋转所形成的规则椭球体来代替地球，称之为地球椭球体，地球椭球体表面是一个规则的数学曲面，可以用数学公式表达，它的 5 个基本几何参数分别是：

长半轴 a

短半轴 b

扁率 $f = \dfrac{a-b}{a}$

第一偏心率 $e = \dfrac{\sqrt{a^2-b^2}}{a}$

第二偏心率 $e' = \dfrac{\sqrt{a^2-b^2}}{b}$

地面点或空间目标位置由三维数据来决定，即由确定平面位置的坐标系和确定空间高度的高程系来定位。

1. 地理坐标系统

1）地理坐标

地面点的地理坐标由经度和纬度构成，图 2-1 中的 NS 为地球自转轴即地轴，O 为地球中心即地心，地轴与地表的交点 N 和 S 为极点，过旋转轴的平面与椭球面的截线叫经线或子午线。国际上公认通过英国格林尼治天文台的经线为起始子午线，因此某点的经度即为过该点的子午圈截面与起始子午面的交角，并规定由起始子午线起，向东为正，称为东经，范围为 0°～+180°；向西为负，称为西经，范围为 0°～-180°。垂直于地轴并通过地心的平面叫赤道平面，它与椭球面相交的大圆圈称为赤道，过某点作平行于赤道面与椭球面的截线，叫纬线，过该点的法线与赤道面的交角，称为地理纬度，地理纬度从赤道算起，向北为正，从 0°计量到北极为+90°，称为北纬；向南从 0°计量到南极为-90°，称为南纬。经纬度具有

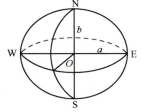

图 2-1 地球椭球体

深刻的地理意义，它标示物体在地面上的位置，显示其地理方位，表示时差。经纬度主要是通过天文测量、大地测量和卫星定位的方法来测定。

2）坐标系统

坐标是表示地面点位置并从属于某种坐标系统的技术参数。用途不同，表示地面点位置的坐标系统各有不同。大地坐标系是大地测量中以参考椭球面为基准面建立起来的坐标系。大地坐标系的确立包括选择一个椭球、对椭球进行定位和确定大地起算数据。一个形状、大小和定位、定向都已确定的地球椭球叫参考椭球。参考椭球一旦确定，则标志着大地坐标系已经建立。大地坐标系是以地球椭球赤道面和大地起始子午面为起算面并依地球椭球面为参考面而建立的地球椭球面坐标系。它是大地测量的基本坐标系，其大地经度 L、大地纬度 B 和大地高 H 为此坐标系的 3 个坐标分量。大地坐标系包括地心大地坐标系和参心大地坐标系。

（1）参心大地坐标系

参心大地坐标系是各个国家为了研究局部地球表面的形状，在使地面测量数据归算至椭球的各项改正数最小的原则下，选择和局部区域大地水准面最为密合的椭球作为参考椭球而建立的坐标系。参心指参考椭球的中心，一般和地球质心不一致，参心坐标系的原点位于参考椭球的中心 O，Z 轴平行于参考椭球的旋转轴，X 轴指向起始大地子午面和参考椭球赤道的交点，Y 轴垂直于 XOZ 的平面，构成右手坐标系。由于不同时期采用的地球椭球不同或其定位与定向不同，在我国历史上出现的参心大地坐标系主要有 1954 年北京坐标系、1980 年国家大地坐标系。

① 1954 年北京坐标系：新中国成立初期，由于经济建设和国防建设的迫切需求，大地测量和测图工作全面展开，这时亟需建立一个大地坐标系。鉴于当时的历时条件，暂时采用了克拉索夫斯基椭球参数，并与前苏联 1942 年坐标系进行了联测，通过计算建立了我国的大地坐标系统，因我国测绘主管部门将换算的基准点设在了北京，因此称为 1954 年北京坐标系。1954 年北京坐标系是前苏联 1942 年坐标系的延伸，其原点位于前苏联的普尔科沃，属于参心坐标系。克拉索夫斯基椭球参数有较大误差，且参考椭球面与我国大地水准面存在着自西向东明显的系统性倾斜。

② 1980 年国家大地坐标系：为了适应我国大地测量发展的需要，我国于 1978 年开始建立新的坐标系，1980 年完成两网平差建成该系统。新的大地原点设在我国中部的陕西省泾阳县永乐镇，采用国际大地测量和地球物理联合会 1975 年推荐的椭球参数，成为 1980 年国家大地坐标系。1980 国家大地坐标系建立后，实施了全国天文大地网的整体平差，相对于 1954 年北京坐标系而言，1980 年国家大地坐标系的内符合性要好得多。

（2）地心大地坐标系

地心大地坐标系是指以地球质心（总椭球的几何中心）为原点的大地坐标系。地心坐标系是在大地体内建立的 $O\text{-}XYZ$ 坐标系。原点 O 设在大地体的重量中心，用相互垂直的 X、Y、Z 三个轴来表示。其中，X 轴与首子午面与赤道面的交线重合，向东为正；Z 轴与地球旋转轴重合，向北为正；Y 轴与 XZ 平面垂直构成右手系。WGS84 坐标系是一种国际上普遍采用的地心坐标系，其坐标原点 O 为地球质心，Z 轴指向 BIH1984.0 定义的协议地极 CTP，X 轴指向 BIH1984.0 定义的零子午面与 CTP 相应的赤道的交点，Y 轴垂直于 XOZ 平面，且与 Z 轴、X 轴构成右手坐标系。椭球基本参数为：长半径 $a=6\,378\,137\pm2$ m；地球引力常数（含大气层）$GM=(3\,986\,005\times10^8\pm0.6\times10^8)$ m^3 s^{-2}；正常化二阶带谐系数 $C2.0=-484.166\,85\times10^{-6}\pm0.6\times10^{-6}$；地

球自转角速度 ω= (7 292 115×10^{-11}±0.1500×10^{-11}) rad/s。除非特别说明，目前我国航图上公布的坐标都是基于 WGS84 坐标系。

2．高程系统

1）高程

地面点高程是地面点到某一高程基准面的垂直距离。地面点的高程系统一般有大地高系统、正常高系统和正高系统，如图 2-2 所示。

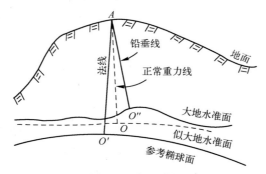

图 2-2　高程系统

在大地测量应用中主要采用 3 种地球的参考面，即地球地形表面、地球的几何面及大地水准面。通常采用旋转椭球面作为地球的几何面，由静止海水面向大陆延伸所形成的不规则的封闭曲面称为大地水准面。由于地球重量分布的不均匀性，严密确定大地水准面需要地球构造方面的学科知识，而目前尚不能精确测定。为此苏联学者莫洛坚斯基建议研究与大地水准面很接近的似大地水准面，似大地水准面不需要任何关于地壳结构方面的假设便可严密确定。似大地水准面与大地水准面差值为正常高与正高之差。但在海洋上，似大地水准面与大地水准面完全重合，在大陆上也几乎重合，在山区只有 2～4 m 的差异。

大地高 H_{Ag}：地面点沿参考椭球面的法线方向到参考椭球面的距离。

正高 H_g：地面点沿铅垂方向到大地水准面的距离。

正常高 H_R：地面点沿铅垂方向到似大地水准面的距离。

大地水准面差距 N_{Ag}：大地水准面与参考椭球面间的高程差。

高程异常 ζ_{Ag}：似大地水准面与参考椭球面间的高程差。

我国采用的是正常高系统，正常高的起算面是似大地水准面。

2）高程基准

高程基准定义了陆地上高程测量的起算点，区域性高程基准可以用验潮站处的长期平均海平面来确定，通常定义该平均海平面的高程为零。在地面预先设置好一固定点（组），利用精密水准测量联测固定点与该平面海面的高差，从而确定固定点（组）的海拔高程。这个固定点就称为水准原点，其高程就是区域性水准测量的起算高程。

我国高程基准采用黄海平均海水面，验潮站是青岛大港验潮站，在其附近的观象山有"中华人民共和国水准原点"。1987 年以前我国采用"1956 年黄海高程基准"。1988 年 1 月 1 日，我国正式启用"1985 国家高程基准"，水准原点高程为 72.260 4 m。"1985 国家高程基准"的平均海水面比"1956 年黄海高程基准"的平均海水面高 0.029 m。

由于历史的原因，我国现有多种高程基准，如 1956 黄海高程基准、各地方高程基准。如在同一地区存在多种基准的已知高程点，其换算关系见表 2-1。

表 2-1　1985 国家高程起算基准面与其他基准关系　　　　　　单位：m

高程起算基准	1985 国家基准	1956 黄海基准	珠江基准	广州基准	吴淞基准	大沽基准	旧黄河基准
Δh_0	0	−0.029	0.557	−4.443	−1.856	−1.952	−0.092

我国出版的航图采用 1985 国家高程基准确定的平均海平面为基准面。以此为基准的高度值称为海拔高度（或标高）。

2.1.2　投影系统

1. 地图投影的概念

地图投影是使用一定的数学法则将地球表面规定的经纬网格转绘到平面上。地球表面事物的空间位置是用地理坐标（ϕ，λ）和高程（H）表示的，把空间的点绘制成地图，首先要将球面上的经纬线网展绘到平面上，然后按坐标转绘到相应网格中而构成地图。经纬网在绘制的过程中具有骨架作用，地图投影就是将球面上经纬网展绘到平面上的数学方法。地图投影实质上是在地球面和平面之间建立点与点的对应关系即 $F(\phi,\lambda)=f(x,y)$，如图 2-3 所示。

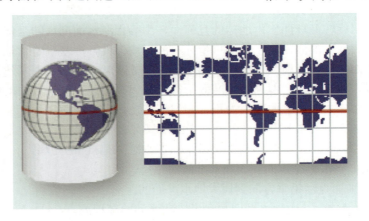

图 2-3　地图投影

2. 航图编制中常用投影介绍

1）高斯-克吕格投影

高斯-克吕格投影是横轴等角切椭圆柱投影，由德国数学家高斯提出，后经克吕格扩充并推导出计算公式。为了满足地形图的精度要求，地球椭球体与椭圆柱分带切于一条经线，每 6°为一带，展开后的高斯-克吕格投影如图 2-4 所示。该投影的特点：每个投影带上，中央经线和赤道为直线；其他经线关于中央经线对称，凹向中央经线；纬线凸向赤道；等角；中央经线上无失真，最大长度失真为 0.137%；大圆航线近似为直线；等角航线是曲率极小的螺旋曲线，领航实施中近距离可以近似认为直线。

大比例尺航图多为此种投影，在通用航空飞行领域内应用广泛；国家大地测量和五十万分之一及更大比例尺的国家基本地形图采用该投影方式；机场专用航图的绘制和涉及仪表飞行程序的基础用图也采用该投影。

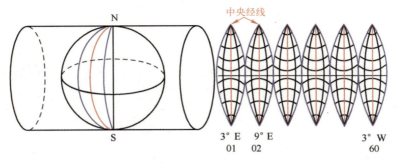

图 2-4 高斯-克吕格投影

2）等角切（割）正圆锥投影

等角切（割）正圆锥投影由德国数学家 Lambert 首创，也称为兰伯特投影，它是假想一个圆锥轴和地球椭球体旋转轴重合并套在椭球体上，圆锥面与地球椭球面相割（或相切），应用等角条件将经纬网投影于圆锥面上展开而成，经线表现为辐射的直线束，纬线投影成同心圆弧，是百万航图和世界地形图的数学基础。圆锥面与椭球面相割（或相切）的纬线圈称为标准纬线，采用双标准纬线的相割比采用单标准纬线的相切，其投影变形小而均匀，如图 2-5 所示。

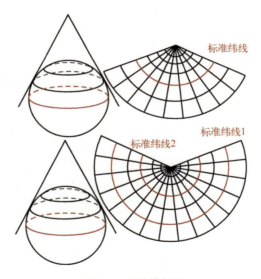

图 2-5 兰伯特投影

兰伯特投影的特点：经线收敛于极点，纬线是以极点为中心的同心圆；两条标准纬线之间有一条最小比例尺纬线；两条标准纬线之间的地区长度缩短，比例尺变小；两条标准纬线之外的地区长度伸长，比例尺变大；地图等角；标准纬线上无失真；大圆航线凸向大比例尺一方；等角航线凹向极点，我国的百万分之一的地形图使用此种投影方式。

我国出版的航图中，航路图、区域图采用正轴等角双标准纬线圆锥投影。机场障碍物图的底图采用高斯-克吕格 6°带投影或 3°带投影地形图。精密进近地形图高斯-克吕格 3°带投影；机场图、离场图、进场图、仪表进近图采用 6°分带高斯-克吕格投影或正轴等角双标准纬线圆锥投影。

2.1.3 比例尺

1. 比例尺的定义

比例尺代表实地轮廓转变为制图表象的缩小程度,是地图上微小线段的长度与实地相应线段的水平长度之比,用数学式表示为:

$$\text{比例尺} = \frac{1}{M} = \frac{\text{图上线段长度}}{\text{实地相应水平长度}}$$

2. 航图上比例尺的形式

(1) 数字式:用阿拉伯数字表示。如,1:1 000 000。
(2) 文字式:用文字注解的方式标注。在这种描述方式中,地图上的长度单位通常使用厘米,实地距离的单位通常使用千米。如,图上 1 cm 等于实地 10 km。
(3) 图解式:用图形加注记的形式表示比例尺,如图 2-6 所示。

图 2-6 图解比例尺(单位:m)

2.2 航图编绘基本要求

2.2.1 基准面、比例尺和计量单位

1. 基准面

航图采用 1985 国家高程基准确定的平均海平面为基准面,以此为基准的高度值称为海拔高度(或标高)。航空相对高程系以机场标高或跑道入口标高为零点起算,称为场压高(或高),向上为正,向下为负,这种高程数据在航图中公布时加用"()"。

2. 比例尺

按规定比例尺编绘的航图应表示线段比例尺或同时表示线段比例尺和数字比例尺。当平面图和剖面图同时表示在一张图上时,还应分别注明水平比例尺和垂直比例尺。不按比例尺编绘的航图,图中主要制图要素的相关位置应与实际情况基本一致,且图中应注明"不按比例",如图 2-7 所示。

图 2-7 "不按比例"的标注

3. 计量单位

航图上高或高度应以米(m)为单位,如需要可增加标注英尺(ft)。航图上距离以米(m)或千米(km)为单位,或用米、英尺和千米、海里(NM)两种单位同时表示。测距仪(DME)距离以 NM 为单位。

2.2.2 航图编绘精度要求

按比例尺绘制的航图,其制图要素的位置误差应不超过 0.2 mm,长度误差应不超过 0.5 mm。图框内外经纬度坐标网格的展绘误差应不超过 0.2 mm;图框绘制误差应不超过 0.5 mm。描绘线状要素如分界线、道路、水涯线和等高线等线状符号,误差应不超过 0.5 mm。

图内的各种符号中心点位置要求如下:

① 等边三角形、正方形、圆形、圆点和多边形符号,以符号的中心位置为该要素中心点

的坐标位置；

② 等腰三角形符号以该符号底边中心点为该要素的中心点的坐标位置；

③ 线状要素以中线的走向为准。

2.2.3 地貌、地物和障碍物的描绘

1．地貌的描绘

地貌是指地表高低起伏的形态，是航行中的重要要素，直接影响到航行的安全，可使用等高线法描绘地貌。等高线是地面高程相等点的连线投影到平面上的闭合曲线。一条等高线只能反映这条线上某一点的高程，而地形的形态、类型需要一组等高线图形来反映，如高山地区等高线非常密集、山脊呈棱形或三角形、河谷地区等高线间隔较宽、向上延伸较长。

在航图上可用单色描绘等高线的曲线，也可用曲线之间分层设色法描绘地貌，还可使用单色套不同网目分层设色描绘地貌。用等高线法描绘地形时，可根据地形高差、制图比例尺和地形的复杂程度来决定等高线的取舍。

当制图比例尺与底图比例尺相同时，等高线描绘应按沿等高线的外缘保留所有的山脊，综合山谷、合并小鞍部的原则进行综合与取舍。概括后的地形应与地形原貌走向一致。当制图比例尺小于底图比例尺时，在底图上描绘等高线可适当放宽综合与取舍的尺度，使成图后的航图地形不凌乱。

2．地物的描绘

地物的描绘应根据不同种类航图的要求进行取舍。地物应包括水系、植被等自然地物及居民地、道路、天线、高架输电线等人工建筑物。在航图上描绘水系时，应将开阔的水域及比较大的江、河、湖、海的水涯线概括后描绘在航图上。

3．障碍物的编绘

1）航图上应标绘的障碍物

障碍物是直接影响航行安全的关键要素，在航图上应标绘的障碍物有以下几种。

① 在一个进近程序中，各类航空器每一个航段的控制障碍物，包括进场、起始进近、中间进近和最后进近各航段，以及复飞阶段的各航段的控制障碍物。

② 在航迹两侧与控制障碍物基本相对称的，同时高度接近控制障碍物高度的障碍物。

③ 超出机场障碍物限制面的障碍物，或虽然未超出机场障碍物限制面，却接近限制面的高度，同时作为最后各航段、目视盘旋进近、复飞的控制障碍物。

④ 起飞离场各段保护区的控制障碍物，包括起飞离场时，起飞离场梯度大于 3.3%和起飞转弯指定点离场程序的各段保护区控制障碍物。

⑤ 限制起飞全重的控制障碍物。

2）障碍物的分类

障碍物分为人工障碍物和自然障碍物，人工障碍物包括烟囱、高压线塔、水塔、高层建筑和无线电发射塔等，顶高应从避雷针顶部算起。自然障碍物包括山顶、高地的标高点、独立树、树林和独立石等。山顶、高地的标高点一般加上 15 m 树高。南方地区的山顶，可加 20 m 树高，应调查山顶是否有树，根据实际情况来确定是否增加树高。

3）航图上标绘障碍物的方法

按比例尺标绘时，障碍物的中心位置按障碍物的坐标展点。不按比例尺标绘时，可向图

素稀疏的空白处位移,但与周边各要素的相关位置不变。因比例尺小,出现多个障碍物重叠时,可使用遮蔽原则取舍障碍物。

4)人工障碍物的标志表示

涂抹障碍物红白标志或特殊标志的障碍物,只标注障碍物符号。安装有障碍物灯光的障碍物在图中应标注障碍物灯光标志符号。没有涂抹障碍物红白标志,也没有安装障碍物灯光的障碍物,只标注障碍物符号。

2.2.4 国境线

国境线是非常重要的政治要素,它涉及国家与国家之间的政治关系,凡涉及国境线的各种航图,都应使用惯用的境界线符号准确表示。在中国民用航空图中,中国国境线(包括香港和澳门地区界线)的描绘,应以国务院最新颁布的文件和国家测绘部门提供的最新版图为依据。成图比例尺应等于或小于参照图的比例尺。在一幅图中出现两个以上的国家和地区时,应标出图中领土所属国家(地区)名称。

2.3 航图编绘流程

目前我国航图的编绘和发行工作由民航局空中交通管理局航行情报服务中心(以下简称空管局情报中心)完成。根据不同航图的制图任务收集所需的资料是航图编绘工作的基础,空管局情报中心资料汇编室根据原始资料上报流程会接收到上报的原始资料,并对接收到的原始资料进行相应的记录和归档。航图是飞行员了解地形、保持安全飞行高度、控制飞行轨迹和空中定位的主要数据来源,直接影响飞行安全,因此必须对接收到的原始资料按照审核流程进行严格的审核,以确保原始资料的准确性、现势性和可靠性。经审核无误的数据提交给空管局情报中心制图室,制图人员首先根据制图任务和制图目的,明确制图范围和航图中涉及的所有要素,根据各种航图的图幅尺寸,可以确定制图比例尺,按照各种航图的编绘规范,利用绘图软件完成各种航图要素的编绘。编绘完成的航图提交给资料汇编室,进行严格的校对,经过多次校对完成航图的定稿。定稿后的航图可以送印刷厂完成航图的印制,印刷的航图经成品重量检查合格后,送入到发行部进入到航图发行环节,航图将按照时间节点寄送给各订购用户。航图的编绘流程如图 2-8 所示。

图 2-8 航图的编绘流程

思考题

1. 参心坐标系和地心坐标系的区别是什么?
2. 高程异常和大地水准面差距的区别是什么?
3. 目前我国航图中采用哪种坐标系统和高程系统?
4. 目前我国航路图和进近图分别采用哪种地图投影?

第 3 章 机场图及停机位置图

3.1 图幅布局及航图要素

机场图是对机场布局和基础设施的详细描述，同时描述了机场起飞最低标准。机场图提供了航空器在停机位置与跑道之间往返地面活动时所需的资料。管制员根据机场图可以掌握机场的布局信息，从而根据实际的地面运行情况提供给飞行员合理的滑行路线。飞行员按照 ATC 指定的滑行路线滑行，根据机场图提供的机场布局信息及机场道面的各种标志标识进行自主导航，将航空器停靠到指定的停机位，或滑入指定的跑道，准备起飞离场。

3.1.1 图幅布局

如图 3-1 所示，机场图主要包括标题、平面图、起飞最低标准、主要灯光、备注和图边注记 5 个部分构成。

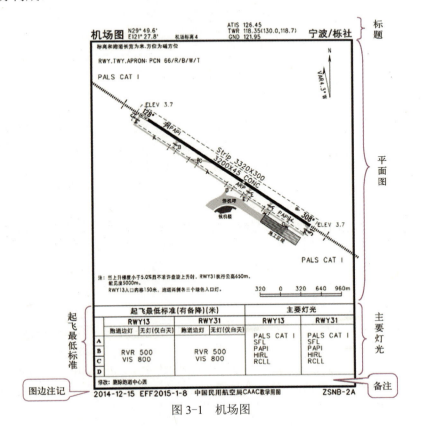

图 3-1 机场图

3.1.2 标题栏

机场图的标题包括图的名称、机场基准点坐标、机场标高、通信资料、城市/机场名称，如图 3-2 所示。

图 3-2　标题栏

1. 机场基准点坐标（Airport Reference Point，ARP）

机场基准点是一个标示机场地理位置的点。每个机场必须设置一个机场基准点，机场基准点应位于接近机场原始的或规划的几何中心，通常为机场主用跑道中线的中点，机场基准点在一次设定后一般保持不变。在图 3-3 所示的标题部分给出机场基准点的地理坐标，机场基准点的地理坐标精确到 0.1'。在平面图部分会以符号标注机场基准点的位置，如图 3-3 所示。

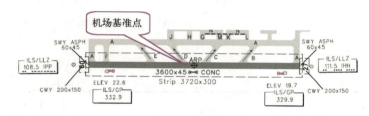

图 3-3　机场基准点符号

2. 机场标高

机场标高是指起飞着陆区最高点的标高。通常以主跑道中线上最高点的标高作为该机场的标高，一般精确到 0.1 m，标高数据应该由机场当局提供，帮助飞行员在使用修正海压（QNH）作为高度表基准完成起飞离场及进场、进近着陆过程中，了解航空器在空中时距离机场道面的垂直高度，因此需要在资料中给出机场标高的数据。在航图上机场标高会以米和英尺两种单位进行标注。

随着机场标高的增加，大气压力降低，大气密度下降，于是航空器发动机推力降低，航空器离地速度和接地速度均要增加，使得起飞滑跑距离和着陆滑跑距离相应增大，故跑道长度需求增加。高原机场跑道比相同等级的平原机场跑道要长，原因在于高原气压比平原气压低。

3. 通信资料

在机场图上，通信资料包括航空器在机场运行所需的自动化设备和管制单位的通信信息，括号中的频率为备用频率。通信频率是航空器在机场道面上运行时会用到的频率。机场图上可能会出现的频率分别为：自动终端情报服务（Automatic Terminal Information Service，ATIS）、放行席（Delivery）、地面席（Ground，GND）、塔台席（Aerodrome Control Tower，TWR）的频率。目前我国空管使用的通信频率占用的频段为 118.0～135.975 MHz，频率指配间隔为 0.025 MHz，一般情况下塔台使用 118.0～118.875 MHz 和 124.3～124.375 MHz，ATIS 使用 126.2～128.875 MHz 范围中小数点后第一位数字为偶数的频率。如图 3-2 所示，"ATIS 126.45"指自动终端情报服务的频率为 126.45 MHz；"TWR 118.35 (130.0，118.7)"指塔台席位的频率为 118.35 MHz，备用频率为 130.0 MHz 和 118.7 MHz；"GND 121.95"指地面席位的频率为 121.95 MHz。在不同的机场图中给出的通信频率的信息可能会不同，这是因为不同的机场航空器在地面滑行时可能联系的管制席位不同。根据机场流量的不同，管制部门在塔台上划分的席位不同，流量较大的机场会在塔台上设置三个席位：放行席（DELIVERY）、地面席（GND）和塔台席（TWR），如深圳/宝安机场，如图 3-4 所示。对于一些流量更大的机场，会对席位进行更细的划分，如广州新白云机场的地面席位分为东地面席和西地面席，如图 3-5 所示；首都机场的塔台席位按照所服务的跑道分为 18R/36L、18L/36R、01/19，如图 3-6 所示。而对于流量很小的机场可能只设置一个塔台席位，如图 3-7 所示。

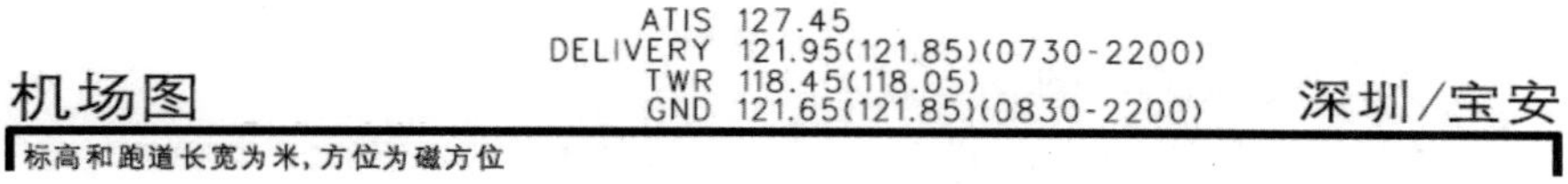

```
机场图                    ATIS  127.45
                  DELIVERY  121.95(121.85)(0730-2200)     深圳/宝安
                       TWR  118.45(118.05)
  标高和跑道长宽为米,方位为磁方位  GND  121.65(121.85)(0830-2200)
```

图 3-4　深圳/宝安机场的通信频率列表

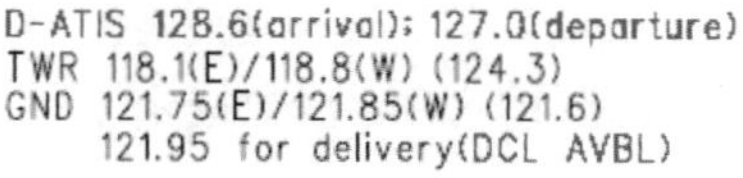

```
D-ATIS  128.6(arrival); 127.0(departure)
   TWR  118.1(E)/118.8(W) (124.3)
   GND  121.75(E)/121.85(W) (121.6)
        121.95 for delivery(DCL AVBL)
```

图 3-5　广州/白云机场的通信频率列表

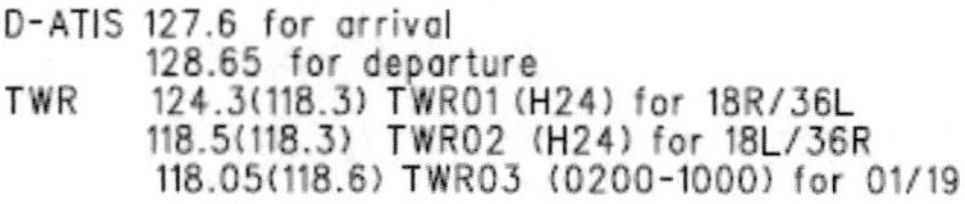

```
D-ATIS  127.6 for arrival
        128.65 for departure
   TWR  124.3(118.3) TWR01 (H24) for 18R/36L
        118.5(118.3) TWR02 (H24) for 18L/36R
        118.05(118.6) TWR03 (0200-1000) for 01/19
```

图 3-6　北京/首都机场的通信频率列表

```
机场图              机场标高 553.1/1815'  TWR 130.0(118.6)     西双版纳/嘎洒
  标高和跑道长宽为米,方位为磁方位
```

图 3-7　西双版纳/嘎洒机场的通信频率列表

1）自动终端情报服务（ATIS）

当机场的流量增大到一定程度时，为了有效地减少管制员与飞行员的通话量降低波道拥挤的情况，机场会提供 ATIS 服务即自动终端情报服务，通常称为机场通播。它是在繁忙的机场自动连续播放的信息服务，通常在一个单独的无线电频率上进行广播，包括主要的与飞行相关的信息，如天气、可用跑道、气压、高度表拨正值及使用频率等信息。机场通播一般仅限于一个机场，由空中交通服务部门负责准备和发布。

飞行员通常在和管制员建立联系前收听通播了解相关情况，从而减少管制员的工作量。正常情况下，ATIS 服务会在机场开放期间每 30 min 播发一次，每次播发根据内容长短，持续

30~60 s。天气变化迅速时也可随时更新,依次以字母代码 A,B,C,…,Z 表示。在我国的国际机场,机场通播一般使用中文和英文交替循环播放。飞行员在与管制员首次联系时,应告知已收听 ATIS,并告知收听 ATIS 的编号。

ATIS 对于流量非常大的机场,分别提供 ATIS for arrival 及 ATIS for departure。其中,ATIS for arrival 是专门针对进场航空器使用的频率;ATIS for departure 是专门针对离场航空器使用的频率。目前我国某些机场能够提供数据链自动终端情报服务(Data Link Automatic Terminal Information Service,D-ATIS),即通过数据链网络与航空器间实现数据链通信,使航空器能够通过甚高频(Very High Frequency,VHF)数据链与地面系统交换 D-ATIS 服务信息,如北京/首都、广州/白云、大连/周水子等机场都公布有 D-ATIS 的频率,如图 3-5 和图 3-6。具备地空数据链通信能力且装备有符合 AEEC623 标准的机载设备的航空器都能够使用 D-ATIS 服务。对于不提供 ATIS 服务的机场,飞行员需通过管制员获取相关信息。既为进场又为离场航空器提供服务的通播包括下列各项内容。

机场名称:如,北京首都机场。

通播代码:如,情报通播 Alpha。

观测时间:如,洞幺三洞世界协调时。

预计进近类别:如,预计 ILS 进近。

使用跑道:如,使用三六右跑道。

跑道的重要情况和刹车作用(必要时):如,道面是湿的、刹车效应差。

过渡高度层(如有可能):如果机场使用细则中规定了该机场的过渡高度及过渡高度层,在通播中提供该机场的过渡高度层。如,过渡高度层 3 600 m。

其他必要的运行情报:如,三六左跑道末端有施工,滑行道 Papa 关闭。

地面风向、风速,包括重要变化。如,地面风三五洞度,六米每秒

能见度,跑道视程(可能时)。如,能见度四洞洞洞米。

天气实况:提供机场范围内现在的天气现象。如,轻雾。低于 1 500 m 或山区最低高度中的最大值的云,二者中择其较大者;积雨云;如果天气情报不明,提供垂直能见度;通过云量和云高来描述云的情况,云量用"少云、多云、阴天"表示,其后为云高值。例如:"少云 300 m,多云 900 m,阴天 1 200 m"。

空气温度:如,三洞摄氏度。

露点湿度:如,两两摄氏度。

高度表拨正值:如,场压幺洞幺五、修正海压幺洞幺八。

有关进近、起飞和爬升区内的重要天气情报:主要通报在该区域内存在的可能影响飞行安全的危险性天气,如结冰、颠簸、冰雹、雷雨、沙暴等天气。

航站自动情报服务的特殊指令:主要是提醒飞行员在与管制员进行首次联络时,通知已收到通播;如,首次与管制员联系时,请通知你已收到情报通播 Alpha。

2)放行席

民航班机在出港前都需由空管部门给予放行许可,放行许可中应包括:目的地、使用跑道、航路飞行规则、航路巡航高度、离场程序、应答机编码。如有必要还应该包括:起始高度、离场频率、特殊要求等。飞行员通过放行席频率申请放行许可,标明该航班允许放行至目的地。放行许可中包括下列各项内容。

航空器呼号：如，CSN3101。
管制许可的界限：如，北京。
飞行的航路：如，计划航路。
跑道号和批准的离场程序：如，02L 跑道、离场程序 YIN06D。
起始爬升高度：如，1 200 m。
离场频率：如，119.7。
应答机编码：如，4523。
ATIS&QNH：如，T&1012。
离场程序中未规定的必要的管制指令或者情报。

目前有些机场为了解决人工话音预放行服务中出现的机场语音通信频道拥挤、话音歧义性等问题，采用了数字化起飞前放行（Pre-Departure Clearance，PDC）技术，飞行员通过数据链发送起飞许可请求，PDC 系统接到请求后根据放行许可规则判断是否允许起飞，管制员操作生成相应的起飞前放行报文，取代传统的语音方式对航空器进行放行。在服务应用中，需要的飞行标志、应答机编码、离场航线、飞行高度层和机型等信息均可直接从系统中获得，管制员可在放行许可操作中附加上如离场频率等当地机场信息。该系统的使用能够大幅降低管制员、飞行员的工作强度和工作压力，减少管制中人为因素的影响及安全隐患，提高管制员的管制效率和安全性。

3）地面席

飞行员得到放行许可后，航空器开始做起飞前准备、上客、装货等工作。准备好后，飞行员要向地面席位的管制员请求推出许可，在航空器得到推出许可后，方可启动发动机，叫做推出开车。在推出开车后，飞行员必须申请滑行，在得到许可后按照管制员给出的滑行路线，参照机场图、停机位置图使航空器滑行至跑道头等待位置。

4）塔台席

航空器到达跑道入口等待位置时，飞行员需要联系塔台席位，申请起飞许可，管制员根据当时的实际情况，发布起飞许可，管制员给出可以起飞的指令，同时会告知起飞之后的初始爬升高度。

3.1.3 平面图

机场平面图标绘了机场的总体轮廓，用图示的方法描述了机场的活动区即跑道、滑行道、停机坪的布局及部分灯光系统的信息，如图 3-8 所示。

1. 比例尺及磁差

机场图通常按一定的比例尺绘制，比例尺通常采用 1∶20 000 至 1∶50 000 之间，各机场图应在平面图的底部标注图解比例尺。

磁差是真经线和磁经线之间的角度差，其大小取决于所在位置真北极和磁北极之间的相对位置关系。磁经线北端在真经线北端的西侧，称为负磁差（西偏磁差）。磁经线北端在真经线北端的东侧，称为正磁差（东偏磁差）。

由于地球表面的磁力线的方向有连续的微小变化，在大多数地方的磁差不是长期不变的。通常标注的磁差为最接近制图日期、可以被 5 整除的年份的磁差。假定制图时间是 1997 年，则应注记 1995 年的磁差，并加注年变率。机场图的磁差在平面图中用真北、磁北及磁差进行标注。如图 3-8 所示"VAR4.3°W"指磁北偏于真北西 4.3°。

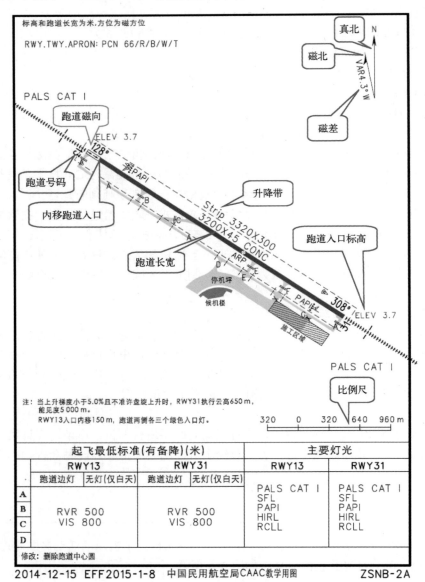

图 3-8 宁波机场平面图

2．跑道信息

跑道是机场活动区的核心设施，因此跑道信息是机场平面图中描绘的关键信息，在平面图中显示跑道构型、跑道轮廓及各条跑道长度、道面和标高的信息。

1）跑道构型

由于不同机场的容量需求（年起降架次）不同，因此不同机场的跑道数量及其跑道构型不同，多条跑道的跑道构型可以看做由以下四种跑道系统基本构型的组合。

(1) 单条跑道。

单条跑道是跑道构型中最简单、最基本的一种，图 3-8 所示的宁波机场即为单跑道机场。相对于其他跑道构型来说，单条跑道具有使用方便、占地面积小和易于维护等优点。但当机场交通量达到或超过跑道最大容量时，会发生由于跑道容量不够而形成的交通堵塞现象，造成航班延误、降低航班正常率。我国目前大多数机场都采用单条跑道。

(2) 平行跑道。

平行跑道是指跑道与跑道的中线平行或近似平行。平行跑道的出现是为了缓解单条跑道的容量饱和问题。平行跑道的容量取决于跑道的数目和跑道之间的间距及采用的运行模式。平行跑道的间距，国际民航组织在附件 14 中的建议如下。

① 平行非仪表跑道同时运行时，其中线的最小间距应为：在基准代码为 3 或 4 时为 210 m；基准代码为 2 时为 150 m；基准代码为 1 时为 120 m。

② 平行仪表跑道同时运行时，其中线的最小间距应为：独立平行进近为 1 035 m；相关平行进近为 915 m；独立平行离场为 760 m；隔离平行运行为 760 m。对于中线最小间距小于 760 m 的平行跑道，称为近距平行跑道。在《平行跑道同时仪表运行管理规定》的第 10 条规定：当两条平行跑道的中线最小间距小于 760 m、航空器可能受尾流影响时，平行跑道离场航空器的放行间隔应当按照为一条跑道规定的放行间隔执行；在《中国民用航空空中交通管理规则》第 46 条中规定：中线最小间距小于 760 m 的平行跑道，应为前后进近着陆的航空器配备雷达间隔的尾流间隔。目前我国有多个机场建有平行跑道，比如上海/浦东机场拥有四条平行跑道。其中 35L/35R 和 34L/34R 为两组近距平行跑道，35R 和 34L 为宽距平行跑道，如图 3-9 所示（请扫描本章二维码）。

(3) 交叉跑道。

由于某些地区季节性风向的影响，给航空器起降带来了影响，为应对在不同季节风向对机场运行的影响，有些机场修建了多条不平行跑道。当相对强烈的风从一个以上的方向吹来时，如果只有一条跑道，就会造成过大的侧风，这就需要交叉跑道。交叉跑道是指机场内两条或更多条的跑道以不同方向互相交叉。对于两条交叉跑道，当风强时，只能用其中的一条；当风相对较弱时，则两条跑道可同时使用。两条交叉跑道的容量在很大程度上取决于相交的位置和使用跑道的方式。三条以上的交叉跑道情形与此类似，如纽约肯尼迪机场，拥有四条跑道，其中 04L/22R 跑道分别和 13R/31L、13L/31R 相交，如图 3-10 所示（请扫描本章二维码）。

(4) 开口 V 形跑道。

两条跑道方向散开而不相交的称为开口 V 形跑道。像交叉跑道那样，当风从一个方向强烈吹来时，开口 V 形跑道就回复到单条跑道使用，如华盛顿杜勒斯国际机场，拥有四条跑道，其中跑道 1L/19R、1C/19C、1R/19L 是三条平行跑道，跑道 12/30 和 1L/19R 构成开口 V 形跑道，如图 3-11 所示（请扫描本章二维码）。

2) 跑道号码及磁向

机场图中跑道号码及磁向标注在跑道端的两侧。如图 3-8 所示，机场的跑道号码为 13/31 号跑道，13 号跑道的跑道磁向为 128°，31 号跑道的跑道磁向为 308°。跑道磁向的标注便于航空器起飞滑跑时飞行员检查航向指示器。

跑道的磁向一般根据有利于保障航空安全、提高跑道利用率和减少环境噪声影响等原则确定。其中，提高航空安全水平和跑道利用率一般主要考虑风对飞行的影响。风对航空器起降的安全影响较大，尤其是对航空器着陆安全的影响。航空器如果在侧风着陆时，航空器会随侧风偏移，不容易对准跑道，如果侧风过大，航空器可能会偏到跑道外面接地。顺风容易使航空器在超过规定的地点接地，使得着陆滑跑距离增大，甚至造成冲出跑道事故。所以航空器最好顶风起降。因此最佳跑道方位是根据机场所在地的风频率统计资料按一定规则来确定的。

跑道号码实际上反映了跑道的方位信息，跑道号码通常由两位数字组成，是以磁经线为基准，从进近方向看取接近跑道磁方位角度数十分之一的整数来编号。如果整数仅有 1 位，则应在该整数前加零；如果有多条平行跑道，在数字后加一个字母。在四条或更多条的平行跑道上，一组相邻跑道必须按最接近于磁方位角度数的十分之一来编号，而另一组相邻跑道则按次一个最接近于磁方位角度数的十分之一来编号。

在有平行跑道的情况下，数字后字母的选取依次为：

两条平行跑道："L"、"R"；

三条平行跑道："L"、"C"、"R"；

四条平行跑道："L"、"R"，"L"、"R"；

五条平行跑道："L"、"C"、"R"，"L"、"R" 或 "L"、"R"，"L"、"C"、"R"；

六条平行跑道："L"、"C"、"R"，"L"、"C"、"R"。

3）跑道的长度和宽度

跑道长度和宽度标注在平面图的跑道中部附近。如图 3-8 所示，跑道的长宽以 3 200×45 标注，表示跑道的长度为 3 200 m、宽度为 45 m。飞行员了解跑道宽度能够帮助补偿错觉。在较窄的跑道着陆时，容易产生偏高的错觉，飞行员下降高度时可能导致低高度进近而危及飞行安全；相反在较宽的跑道着陆时将产生偏低的错觉，容易导致着陆目测高而重着陆。

跑道长度的确定需要根据航空器性能、机场净空、机场标高、所飞的航线、机场的地形、跑道的纵坡等因素进行综合分析来确定。一般来说，航空器越大、航程越远、航空器的起飞重量越大，要求的跑道越长；机场海拔越高、气温越高，要求的跑道越长。

跑道宽度要满足航空器起降的滑跑要求，决定跑道宽度的因素有：跑道运行类别（仪表、非仪表；精密、非精密）、航空器主起落架外轮间距、航空器滑跑时的横向偏移、航空器开始滑跑前机体纵向轴线与跑道中线的吻合程度。出于安全考虑，跑道必须具有一定的宽度裕量。跑道宽度见表 3-1。

表 3-1 跑道宽度   单位：m

机场基准代码	机场基准代字					
	A	B	C	D	E	F
1*	18	18	23	—	—	—
2*	23	23	30	—	—	—
3	30	30	30	45	—	—
4	—	—	45	45	45	60

注：*表示机场基准代码为 1 或 2 的精密进近跑道的宽度应不小于 30 m。

4）跑道入口标高和跑道入口内移

在机场图中，除标注机场标高外，还会在平面图的跑道端附近标注跑道入口标高，如图 3-8 所示，31 号跑道的跑道入口标高为 3.7 m。图 3-12 所示为跑道入口内移在平面图中的符号。

图 3-12　跑道入口内移符号

跑道入口内移是指跑道入口不位于跑道铺筑面的开始端，而是距跑道开始端有一定的距离。内移的这部分跑道不能用于航空器的着陆，只能用于起飞，或者是反方向着陆的航空器可以利用该部分跑道滑出。大部分的跑道入口内移是因为超障的原因，为满足对障碍物具有合适的超障余度，同时满足航空器对下降梯度的要求，因此采用跑道入口内移。这样同时可以保障离场的航空器最大限度地利用跑道。跑道入口内移也可能是因为跑道的开始端部分不再能够承受航空器着陆时的冲击，但该部分依然可以用于起飞，或者是反方向着陆航空器的滑出，因此采用跑道入口内移，在跑道上内移入口部分会有相应的道面标志，如图 3-13 所示。

图 3-13　跑道入口内移道面标志

5）跑道道面

在机场图的平面图中，用不同的图形标绘跑道是否有铺筑面，如图 3-14 所示。用不同的简缩字表示不同铺筑面的类型。如，"ASPH"表示沥青；"CONC"表示水泥；"LATERITE"表示红土；"GRAVEL"表示砂砾。

图 3-14　跑道道面符号

6）停止道和净空道

机场平面图上停止道（Stopway，SWY）和净空道（Clearway，CWY）的符号如图 3-15 所示。其中：①所指的为停止道的符号；②所指的为净空道的符号。并且图中会给出停止道、净空道的长度和宽度及停止道铺筑面类型的信息。图中 SWY50×60 表示停止道的长度为 50 m、宽度为 60 m；ASPH 表示铺筑面为沥青铺筑；CWY100×150 表示净空道的长度为 100 m；宽度为 150 m。

停止道是指在可用起飞滑跑距离末端以外地面上一块划定的、经过整备的长方形地区，使其适合于航空器在中断起飞时能在它上面停住。一般它适用于跑道长度较短、不能确保航空器中断起飞安全时，以弥补跑道长度的不足。停止道的宽度必须等于与其相连接的跑道的宽度。停止道应铺筑道面，由于在航空器正常起飞着陆时不使用，只是中断起飞时才使用，因此其强度可低于跑道强度，但应能保证在航空器中断起飞承载时不致造成航空器的结构损坏。

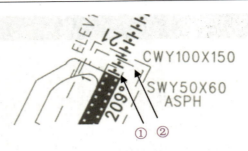

图 3-15 停止道和净空道的符号

净空道是指在有关当局管理下经选定或整备的，使航空器可在其上空进行一部分起始爬升到一个规定高度的地面或水面上划定的一个长方形地区。它适用于跑道较短，只能保证航空器起飞滑跑的安全、而不能确保航空器完成初始爬升（爬升至 10.7 m 高）的安全时，以弥补跑道长度的不足。净空道的起点位于起飞滑跑距离的末端，净空道的长度应不大于可用起飞滑跑距离的一半，宽度应自跑道中线延长线向两侧延伸不少于 75 m。净空道上对航空器安全有危害的物体应移去，在净空道地面上设置的设备或装置应满足易折要求，安装高度应尽可能低。

7) 升降带

如图 3-16 所示，在机场图的平面图部分会标绘出升降带，并且图中会给出升降带的长度和宽度。飞行区必须设置升降带。升降带应包含跑道及停止道（当设置停止道时）。设置升降带的目的：①减少航空器冲出跑道时遭受损坏的危险；②保障航空器在起飞或着陆过程中在其上空安全飞过。

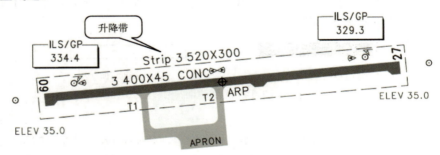

图 3-16 升降带

升降带应自跑道端（当设置停止道时应自停止道端）向外至少延伸：基准代码为 2、3 或 4 时，60 m；基准代码为 1 的仪表跑道时，60 m；基准代码为 1 的非仪表跑道时，30 m。升降带的宽度应不小于表 3-2 中规定的值。

表 3-2　升降带的半宽　　　　　　　　　　　　　　单位：m

跑道运行类别	机场基准代码			
	4	3	2	1
仪表跑道	150	150	75	75
非仪表跑道	75	75	40	30

为了保证航空器在起飞着陆过程中一旦冲出跑道时及着陆提前接地时的安全,升降带内跑道两侧附近的土质地区应平整并压实。为了保障航空器在起飞或着陆过程中在其上空安全飞过,位于升降带上可能对航空器构成危险的物体,应被认为是障碍物,并应尽可能地将其移去。除了为航行目的所需并满足有关易折要求的目视助航设施外,升降带在下列范围内不应有任何危及飞行安全的固定物体和运动物体:机场基准代号为4F,Ⅰ、Ⅱ、Ⅲ类精密进近跑道,跑道中线两侧各 77.5 m;机场基准代码为 3,基准代字为 F 及其以下的机场,Ⅰ、Ⅱ、Ⅲ类精密进近跑道,跑道中线两侧各 60 m;机场基准代码为 3,Ⅰ类精密进近跑道,跑道中线两侧各 45 m。

8)跑道等待位置标志

机场平面图上可能会出现如图 3-17 所示的两种跑道等待位置标志的符号:A 型和 B 型。《国际民用航空公约》附件 14 中规定,在滑行道上滑行道与跑道相交处,必须设立一个或几个跑道等待位置,并且跑道等待位置的设置必须使等待的航空器或车辆不侵犯无障碍物区、进近面、起飞爬升面或仪表着陆系统、微波着陆系统的临界/敏感区或干扰无线电助航设备的运行。

图 3-17 跑道等待位置标志的符号

在滑行道与非仪表跑道、非精密进近跑道或起飞跑道相交处,必须设置 A 型跑道等待位置标志;在滑行道与Ⅰ类、Ⅱ类或Ⅲ类精密进近跑道相交处,如果仅设有一个跑道等待位置,必须设置 A 型跑道等待位置标志;如果设有两个或三个跑道等待位置,则最靠近跑道的等待位置标志必须是 A 型跑道等待位置标志,而其余离跑道较远的跑道等待位置标志必须为 B 型跑道等待位置标志。

3. 滑行道和停机坪

1)滑行道

滑行道的主要功能是提供从跑道到停机位置或维修机库去的路径,如图 3-18 所示。合理的滑行道设置与布局是机场保证飞行安全、提高地面运行效率的重要保障。滑行道除了飞行区的进口滑行道、旁通滑行道、出口滑行道、平行滑行道、联络滑行道等五种外,还有站坪及货机坪等机坪上的机坪滑行道和机位滑行通道两种。在繁忙的机场上,为了使着陆航空器尽可能快地脱离跑道,把跑道腾出来供其他起飞或着陆的航空器使用,会设置快速出口滑行道,如图 3-18 所示,快速出口滑行道与跑道的夹角为 25°~45°,但以 30°为最佳。

滑行道的最小宽度要保证航空器在滑行道中线上滑行时,它的主起落架的外侧主轮与滑行道道面边缘之间的净距不少于 1.5~4.5 m;滑行道直线部分的道面宽度应不小于表 3-3 的要求。滑行道的强度至少应等于它所服务的跑道的强度,因为滑行道上要承受较大的交通密度和因航空器滑行缓慢及停留而产生较高的应力。

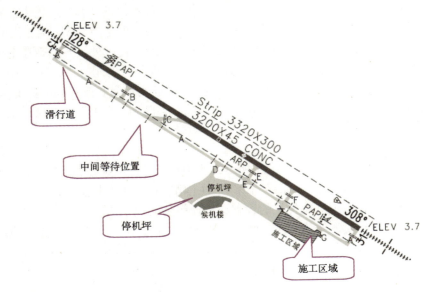

图 3-18 滑行道、停机坪

表 3-3 滑行道直线部分的道面宽度　　　　　　　　　　　　　　　　　　单位：m

基 准 代 字	滑行道道面最小宽度（直线部分）	基 准 代 字	滑行道道面最小宽度（直线部分）
A	7.5	D	23[②]
B	10.5	E	23
C	18[①]	F	25

注：① 如准备使用该滑行道的航空器的纵向轮距小于 18 m，为 15 m；
　　② 如准备使用该滑行道的航空器的纵向轮距等于或大于 18 m，为 18 m。

在两条有铺筑面的滑行道的交叉处，如要求规定标出明确的等待界限时，会在滑行道上设置中间等待位置标志，如图 3-18 所示。中间等待位置标志与相交滑行道的近边必须有足够的距离以保证滑行中的航空器之间的安全净距。在设有停止排灯或中间等待位置灯处，中间等待位置标志必须与其相重合。

2）停机坪

停机坪是指在陆地机场上划定的一块供航空器上下旅客、装卸货物或邮件、对航空器进行各种地面服务（机务维修、上水、配餐、加油、清洁等）的场地。机坪布局应根据机坪的类别、停放航空器的类型和数量、飞行停放方式、航空器间的净距、航空器进出机位方式等各项因素确定，一般可以分为单线式、指廊式、卫星厅式和车辆运送式四种布局方式。机坪的道面强度应能承受使用该机坪的各种机型的荷载。机坪的坡度应能防止其表面积水，并在符合排水要求的条件上，尽可能平坦。停机坪上的航空器机位应对使用它的航空器与任何临近的建筑物、另一机位上的航空器和其他物体之间提供表 3-4 所示的最小净距。

表 3-4　航空器机位最小净距要求

基准代字	净距/m	基准代字	净距/m
A	3	D	7.5
B	3	E	7.5
C	4.5	F	7.5

对于基准代字为 D 或 E 的机场，如在特殊情况下许可，在机头向内停放时，航空器机位的净距在下述情况可以减小：在旅客航站楼（包括任何固定的旅客登机桥）与机头之间、可以由目视停靠引导系统提供方位引导的机位上的任何部分。

4．承重强度

在机场的平面图中会以道面强度报告的形式给出跑道、滑行道及停机坪的承重强度，如图 3-19 所示。

图 3-19　道面承重强度

跑道、滑行道和机坪的道面是为了给航空器提供一个平坦的，并在所有气象条件下都能安全行驶的表面。道面的整体结构应具有对于变形的抵抗能力和抗弯、抗压及抗磨耗的能力，防止施加的荷载对其造成破坏。道面结构是指由一层或多层加工过的材料组成的结构。一般来说，由沥青材料和骨料的混合物铺设在优质颗粒面料上所组成的道面称为"柔性道面"，碎（砾）石道面和土质道面也属于柔性道面。当道面是由普通水泥混凝土板所组成时，称为"刚性道面"。作为跑道、滑行道和机坪的道面，除了对修筑的材料和道面的表面有一定的要求外，还对道面的强度有一定的要求。即道面要能承受航空器在它上面的起降、滑行和停放。机场图中采用道面强度报告描述道面的强度。

1）道面强度报告

道面强度报告中描述的数据包括：道面等级序号（Pavement Classification Number，PCN）、道面类型、土基强度、最大允许胎压及评定方法。

（1）道面等级序号。

道面等级序号是指不受运行次数限制的道面承载强度的数字。这个数字由机场建设部门提供。如果季节性气候对道面强度有明显影响，机场建设部门可提供几个典型的 PCN 值。

（2）道面类型。

道面类型分为两种：一种是刚性道面，用英文字母 R（Rigid Pavement）表示；另一种是柔性道面，用英文字母 F（Flexible Pavement）表示。

（3）土基强度。

土基是紧接道面结构下的一层土壤，它在施工中经过加工以支撑由道面传播下来的荷载。一般土基强度是根据原道面设计或后期的修复或加固来评价，只要可能，土基强度评价应以实验为根据。一般情况下,在道面强度报告中一个机场用一个土基分类。

使用标准土基值,即四种刚性道面的 K 值和四种柔性道面的 CBR 值,将土基分组并将每组的中间值作为标准值,土基强度分为高强度、中强度、低强度、特低强度四种等级,见表 3-5。

表 3-5 土基强度分类

土基强度类型	代 号
高强度,其特征为: 刚性道面 K=150 MN/m^3 代表所有大于 120 MN/m^3 的 K 值 柔性道面 CBR=15 代表所有大于 13 的值	A
中强度,其特征为: 刚性道面 K=80 MN/m^3 代表所有大于 60～129 MN/m^3 范围的 K 值 柔性道面 CBR=10 代表 8～13 范围的 CBR 值	B
低强度,其特征为: 刚性道面 K=40 MN/m^3 代表所有大于 25～60 MN/m^3 范围的 K 值 柔性道面 CBR=6 代表 4～8 范围的 CBR 值	C
特低强度,其特征为: 刚性道面 K=20 MN/m^3 代表所有小于 25 MN/m^3 范围的 K 值 柔性道面 CBR=3 代表所有小于 4 的 CBR 值	D

注:① K 值:用直径为 75 cm 的承压板确定的值。
② CBR(California Bearing Ratio 加州承载比):用贯入某种土壤所需荷载和贯入标准材料的比较得出的承载比。

(4)最大允许胎压类型或最大允许轮胎压值。

道面最大允许胎压等级分为高、中、低、甚低四个等级,分别采用 W、X、Y、Z 表示,见表 3-6。

表 3-6 最大允许胎压值

胎压等级	代 号	胎压等级	代 号
高:无胎压限制	W	低:胎压限至 1.00 MPa	Y
中:胎压限至 1.50 MPa	X	甚低:胎压限至 0.5 MPa	Z

(5)评定方法。

评定方法有两种,一种是技术评定,另一种是经验评定。如果评定是用对道面特性和状态作专门的技术研究来进行的,则称为技术评定,用英文字母 T 表示;如果评定是根据特定的航空器类别和重量,用于该跑道类型的经验来确定的称为经验评定,用英文字母 U 表示。

下列说明 PCN 报告的使用方法。

设在中强度土基上的道面为刚性道面,用技术评定法评定的道面等级序号 80,无胎压限制,则其道面强度报告为:PCN 80/R/B/W/T。

设在低强度土基上的柔性道面,最大允许胎压为 1.0 MPa,用经验评定法确定的道面等级序号为 50，则其道面强度报告为：PCN 50/F/C/Y/U。

设在中强度土基上的柔性道面，用技术评定法评定的道面等级序号为 40，最大允许胎压为 0.80 MPa，则其道面强度报告为：PCN 40/F/B/0.80 MPa/T。

一个机场应提供跑道、滑行道和机坪的道面强度报告。对用于重量等于或小于 5 700 kg 的轻型航空器使用的道面，道面承载强度用最大允许航空器重量和最大允许胎压来报告，如，4 000 kg/0.5 MPa

2）航空器等级序号和 ACN-PCN 法

（1）航空器等级序号（Aircraft Classification Number，ACN）。

航空器等级序号表示航空器对具有规定土基强度道面的相对影响的数字。ACN 值由航空器制造厂提供。一种给定的航空器将有不同的 ACN 值，取决于它在什么道面运行，是柔性道面（F）还是刚性道面（R），以及土基的相对强度。ACN 表只列出航空器的最大停机坪重量和有代表性的基本重量所对应的 ACN 值，见表 3-7。当航空器重量介于二者之间时，可用内插法求出相应的 ACN 值，即

$$实际重量的ACN = 最大停机坪重量的ACN - \frac{(最大停机坪重量 - 实际重量) \times (最大停机坪重量ACN - 基本重量ACN)}{最大停机坪重量 - 基本重量}$$

表 3-7　常见航空器全重/基本重量、胎压及在刚性道面和柔性道面 ACN 值一览表

航空器型号	全重/基本重量/kg	胎压 MPa	刚性道面土基				柔性道面土基			
			高 A	中 B	低 C	特低 D	高 A	中 B	低 C	特低 D
A300-B2	142 000 89 690	1.32	37 19	44 22	52 26	60 30	40 21	45 23	55 26	70 35
A310-300	141 950 110 000	1.42	42 30	50 35	58 41	66 47	44 32	49 34	60 41	76 54
A320-200	69 370 45 000	1.33	42.5 25.6	45.4 27.2	47.7 28.9	49.8 30.3	37.9 23.5	39.4 23.8	44.1 25.8	50.1 30.1
A340-300	245 400 182 000	1.32	46 34.5	53 37	63 43	75 50	55 30.5	59 40.9	69 46	95 61.5
B737-300	61 640 32 900	1.14	35 17	37 18	39 19	41 20	31 15	33 16	37 17	41 30
B747-400	397 800 179 753	1.30	53 20	62 22	74 26	85 30	57 22	64 23	80 26	102 33
B747SP	318 881 147 996	1.40	38 15	44 16	53 19	60 20	41 16	45 17	54 18	72 23
B757-200	100 243 58 877	1.11	25 12	29 14	35 17	40 20	27 14	29 15	36 17	48 22
B767-300	159 600 85 700	1.21	38 18	45 20	53 23	62 27	42 20	46 21	58 23	76 30
MD-82	67 133 44 755	1.24	44 27	46 28	48 30	49 31	38 23	41 24	45 27	49 31
TU-154	98 000 53 500	0.93	19 8	25 10	32 13	38 17	20 10	24 11	30 13	38 18
DC-10-10	196 406 108 940	1.28	45 23	52 25	63 28	73 33	52 26	57 27	68 30	93 38

例 1：求中等强度地基柔性道面上一架 157 400 kg 的 DC-10-10 型航空器的 ACN 值，主轮的胎压为 1.23 MPa。

解：根据上列公式，得：

$$ACN = 57 - \frac{(196\ 406 - 157\ 400) \times (57 - 27)}{196\ 406 - 108\ 940} = 44$$

注：计算 ACN 时用的重量是静态重量，并未考虑动态效应的荷载增加。

（2）ACN-PCN 法。

民用运输机场跑道在设计时，要符合一定的运行标准，即能够承载多重航空器的起降，对航空器起飞、着陆有何限制。反之，航空器对承载的道面有何要求和限制，这在设计中要有一个统一的标准，为此国际民航组织专家小组提出了 ACN-PCN 法，并于 1981 年公布，要求各成员国从 1983 年起必须用 ACN-PCN 法通报提供最大起飞重量大于 5700 kg 的飞机使用的道面强度。ACN-PCN 法是指用某一航空器的 ACN 与某一跑道的 PCN 相比较，以确定该跑道能否承受该航空器运行的一种方法。

当 ACN≤PCN 且航空器的胎压或规定的航空器类型的最大起飞重量符合规定时，该道面就能承受航空器运行。如果航空器的 ACN 值大于道面 PCN 值，则表示飞机超载，航空器的运行将受到限制或禁止运行。

例 2：B757-200 型航空器在中强度土基刚性道面上的 ACN 值为 29，胎压为 1.11 MPa，请问 PCN90/R/B/W/T 的跑道能否承受该航空器的起降？

解：由 ACN-PCN 法知道在此题中 ACN 值为 29，而 PCN 值为 90，满足条件：ACN<PCN。同时航空器胎压 1.11 MPa 符合道面强度报告中的胎压限制。故该跑道能承受 B757-200 型航空器的起降。

例 3：B747-400 型航空器在中强度土基上刚性道面上的 ACN 值为 62，胎压为 1.3 MPa。请问道面强度报告为 PCN58/R/B/X/T 的跑道能否承受该机型的起降？

解：由 ACN-PCN 法知道此题中的 ACN>PCN，故不能承受 B747-400 型航空器的起降。

例 2、例 3 介绍了 ACN-PCN 法的实际运用。在例 3 中，航空器的 ACN 值为 62，道面的 PCN 值为 58，按 ACN-PCN 法判断道面是不能承受该航空器的起降。但是，在一条特定的跑道上，ACN 值随航空器重量的变化而变化。因而，可以将航空器的重量限制在某一范围内，让实际的航空器 ACN 值小于或等于 PCN 值，从而达到该道面能承受该航空器起降的目的。另外，也可以不限制航空器重量，只需满足一定条件也可允许航空器有限制地使用该跑道。即，当 ACN>PCN 时，满足下述条件可允许有限制地超载运行。

① 道面没有呈现破坏迹象，土基强度未显著减弱期间；
② 航空器等级序号（ACN）超出道面等级序号（PCN）不大于 10%（柔性道面）或 5%（刚性道面）；
③ 年超载运行次数在年总运行次数的 5%以内。

5．其他符号

机场图上采用各种不同的符号标绘机场主要建筑物、机场设施及各种道面标志，以帮助飞行员导航和制定飞行计划，其符号见表 3-8。

表 3-8 机场图上主要建筑物、机场设施以及各种道面标志的符号

名 称	直升机起降点	测风仪	跑道视程观测点	下滑台
符 号	H	🚩	◁	⊙
名 称	惯性系统检查点	VOR 检查点	候机楼	机动区冲突多发地带
符 号	○	⊖→	▬	○ HS2
名 称	着陆方向标	机场基准点	跑道中心圆	瞄准点
符 号	 ┬	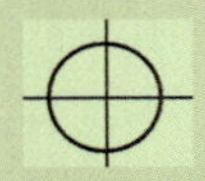 ⊕	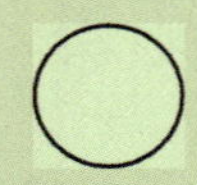 ○	 ═ ═
名 称	入口标志		接地地带标志	
符 号	≡≡≡ 20		0 m — 150 m — 150 m	

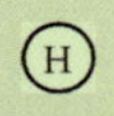

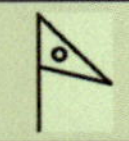

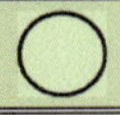

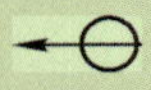

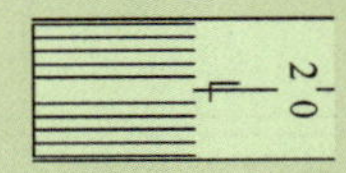

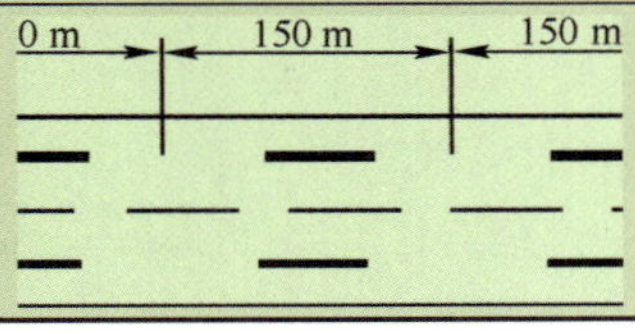

3.1.4 灯光系统

在《中国民航国内航空资料汇编》(NAIP) 中发布的航图标绘了各跑道的进近灯光系统、接地地带灯、精密进近航道指示系统、着陆方向指示灯及机场灯标；在《中华人民共和国航空资料汇编》(AIP) 中发布的航图中还标绘了跑道入口灯、跑道末端灯、跑道中线灯、跑道边线灯。

1. 进近灯光系统

进近灯光系统根据灯光系统的构型分为简易进近灯光系统、Ⅰ类精密进近灯光系统、Ⅱ类精密进近灯光系统和Ⅲ类精密进近灯光系统。

1) 简易进近灯光系统

简易进近灯光系统用于夜间和白天低能见度条件下的非精密进近跑道和基准代码为 3 或 4 的非仪表跑道。简易进近灯光系统如图 3-20 所示，包括单灯形式和短排灯形式，由一行位于跑道中线延长线上并尽可能延伸到距跑道入口不少于 420 m 处的灯具和一排在距跑道入口 300 m 处构成一个长 18 m 或 30 m 的横排灯具组成。简易进近灯光系统的灯具为恒定发光灯，构成横排灯的灯具设置在一条水平的直线上，垂直于中线灯并被其平分。横排灯的灯具必须布置得能够产生一种直线效果，横排灯具距离在 1～4 m 之间。构成中线的灯具纵向间距必须为 60 m，只有在需要改善引导作用时可采用 30 m 间距。

如因自然条件不可能把中线灯延伸到距离跑道入口 420 m，则应延伸到 300 m 处以包含横排灯。如这一距离也不可能，则应将中线灯尽实际可行地向外延伸，并将中线灯灯具改为由至少 3 m 长的短排灯组成。在进近灯光系统距跑道入口 300 m 处有横排灯的情况下，可在距入口 150 m 处增设一组横排灯。

2) Ⅰ类精密进近灯光系统

Ⅰ类精密进近跑道需设置Ⅰ类精密进近灯光系统，该灯光系统必须由一行位于跑道中线

延长线上并尽可能延伸到距跑道入口 900 m 处的灯具和一排在距跑道入口 300 m 处一个长 30 m 的横排灯组成,如图 3-21 所示。

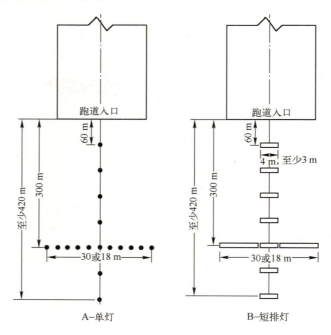

图 3-20　简易进近灯光系统

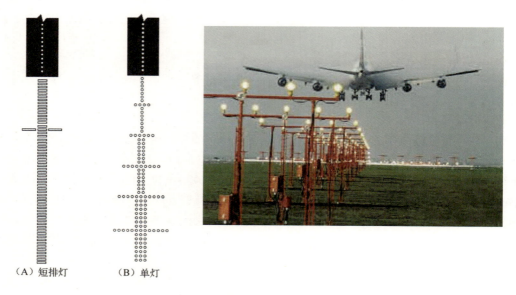

图 3-21　Ⅰ类精密进近灯光系统

3）Ⅱ类和Ⅲ类精密进近灯光系统

Ⅱ类和Ⅲ类精密进近跑道需设置Ⅱ类和Ⅲ类精密进近灯光系统,该灯光系统必须由一行位于跑道中线延长线上并尽可能延伸到距跑道入口 900 m 处的灯具组成。此外,本系统还必须有两行延伸到距跑道入口 270 m 处的侧边灯及两排横排灯,一排在距入口 150 m 处,另一排在距入口 300 m 处,如图 3-22 所示。

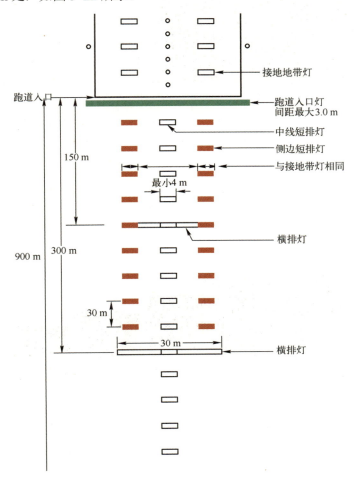

图 3-22　II 类和 III 类精密进近灯光系统

进近灯光系统的符号见表 3-9。

表 3-9　进近灯光系统的符号

名称	符号
II 类精密进近灯光系统 PALS CAT II	
带有顺序闪烁灯的 II 类精密进近灯光系统 PALS CAT II with SFL	
I 类精密进近灯光系统(短排灯) PALS CAT I	
带有顺序闪烁灯的 I 类精密进近灯光系统(短排灯) PALS CAT I with SFL	
I 类精密进近灯光系统(单灯) PALS CAT I	

简易进近灯光系统（短排灯）SALS	˙ ˙ ˙ ˙ ˙ ˙ ˙ |
简易进近灯光系统（单灯）SALS	· · · · · · |
简单进近灯光系统	······

2. 精密进近航道指示系统

精密进近航道指示系统由 4 个等距设置的急剧变色的灯具组成。除非实际不可行外，该系统必须设在跑道的左侧。

精密进近航道指示系统的构造和布置必须使进近中的飞行员当正在或接近进近坡度时，看到离跑道最近的两个灯具为红色，离跑道最远的两个灯具为白色；当高于进近坡度时，看到离跑道最近的灯具为红色，离跑道最远的 3 个灯具为白色，在高于进近坡度更多时，看到全部灯具为白色；当低于进近坡度时，看到离跑道最近的 3 个灯具为红色，在低于进近坡度更多时，看到全部灯具为红色，如图 3-23 所示。

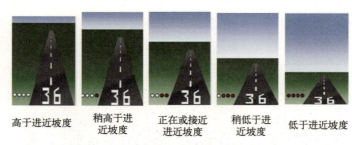

图 3-23 精密进近航道指示系统示意图

3. 目视进近坡度指示系统

目视进近坡度指示系统由 12 个灯具组成，分上风灯组和下风灯组，设置在跑道两侧，每个灯具上部发射白色光束，下部为红色光束。当航空器在进近坡度上，飞行员看到下风灯为白色，上风灯为红色；当航空器高于进近坡度时，飞行员看到下风灯和上风灯均为白色；当航空器低于进近坡度时，飞行员看到上风灯和下风灯均为红色，如图 3-24 所示。

图 3-24 目视进近坡度指示系统示意图

但目视进近坡度指示系统存在航道不够稳定、高度低于 60 m 时不够精确、维护面积大、在强阳光下不易区分粉红色和红色的缺点，目前已逐渐被 PAPI 所取代。

4. 着陆方向指示灯

设置着陆方向标的跑道需供夜间使用时,着陆方向标"T"必须设有照明或以白色灯勾划其轮廓,如图3-25所示。

图 3-25 着陆方向指示灯

5. 接地地带灯

Ⅱ类和Ⅲ类精密进近跑道须设置接地地带灯。接地地带灯由嵌入式单向恒定发白光的短排灯组成,朝进近方向发光。从跑道入口开始至跑道入口后 900 m 按间距 60 m[在跑道视程(Runway Visual Range,RVR)等于或大于 300 m 时使用的跑道上]或 30 m(在 RVR 小于 300 m 时使用的跑道上)对称地设在跑道中线两侧,如图3-26所示。

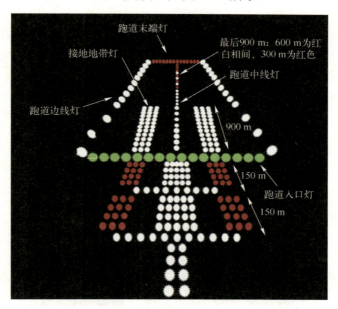

图 3-26 跑道灯光示意图

6. 跑道边线灯和跑道中线灯

供夜间使用的跑道或昼夜使用的精密进近跑道,必须成行地沿跑道边缘或跑道边缘以外距离不大于 3 m 处均匀布置跑道边线灯。仪表跑道灯间距不得大于 60 m,非仪表跑道灯间距不得大于 100 m。跑道边线灯是可变白光的恒定发光灯，但以下情况除外：① 从起飞滑跑开始的一端看，跑道末端的 600 m 或跑道长度的三分之一（二者取最小值）这一段的灯光可显示黄色；② 在跑道入口内移的情况下，从跑道入口至内移入口之间的灯必须在进近方向显示红色，如图 3-26 所示。

Ⅱ类和Ⅲ类精密进近跑道和供跑道视程低于 400 m 左右的最低标准条件下起飞的跑道必须设置跑道中线灯。跑道中线灯采用嵌入式灯具沿跑道中线全长布置，许可偏离跑道中线至多 0.6 m。灯间距在Ⅱ类或Ⅲ类精密进近跑道上一般为 15 m，在Ⅰ类精密进近跑道或其他设中线灯的跑道上一般为 30 m。通常跑道中线灯自入口至距离跑道末端 900 m 范围内为白色；从距离跑道末端 900 m 处开始至距离跑道末端 300 m 的范围内为红色与白色相间；从距离跑道末端 300 m 开始至跑道末端为红色；如跑道长度不足 1 800 m，则应改为自跑道中点起至距离跑道末端 300 m 处范围内为红色与白色相间，如图 3-26 所示。

7. 跑道入口灯和末端灯

设有跑道边灯的跑道必须设置跑道入口灯，只有跑道入口内移并设有跑道入口翼排灯的非仪表跑道和非精密进近跑道可以不设。跑道入口灯向跑道进近方向绿色单向发光。当跑道入口位于跑道端时，跑道入口灯必须设在垂直于跑道轴线的一条直线上并尽可能地靠近跑道端；当跑道入口自跑道端内移时，跑道入口灯必须设在跑道入口处的一条垂直于跑道轴线的直线上。对于非仪表跑道或非精密进近跑道，跑道入口灯至少有 6 个灯具；对于Ⅰ类精密进近跑道，跑道入口灯以 3 m 的间距等距设置；对于Ⅱ类和Ⅲ类精密进近跑道，跑道入口灯以不大于 3 m 的间距等距设置，如图 3-26 所示。

8. 机场灯标

在考虑了使用机场的空运业务要求、机场的特征与周围环境对比明显及装有其他有利于寻找机场位置的目视助航设施以外，其他准备夜间使用的机场必须设置机场灯标。机场灯标必须设在机场内或机场附近。机场灯标的各重要方向不能被物体遮蔽，并对进近着陆中的飞行员不产生眩光。机场灯标必须显示有色与白色交替的闪光或仅显示白色闪光。总的闪光频率为 20~30 次/分，而以不少于 20 次/分。陆地机场的灯标为绿色和白色闪光，水上机场的灯标为黄色和白色闪光，如图 3-27 所示。

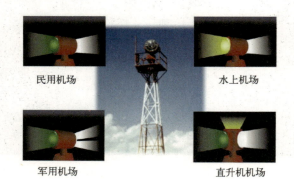

图 3-27 机场灯标

精密进近航道指示系统、着陆方向指示灯、机场灯标、接地地带灯、跑道入口灯、跑道末端灯、跑道中线灯、跑道边线灯在航图中的符号见表 3-10。

表 3-10 其他灯光系统符号

精密进近航道指示系统	
着陆方向指示灯	
机场灯标	
接地地带灯	
跑道入口灯 跑道末端灯	
跑道中线灯 跑道边线灯	

除在机场平面图中以符号标绘各种灯光系统外,在机场图的表格部分以简缩字的形式标注了跑道各方向的助航灯光系统,如图 3-28 所示。

机场图表格中常见英文缩略语如下。

PALS CAT Ⅰ,Precision approach lighting system category Ⅰ,一类精密进近灯光系统;

PALS CAT Ⅱ,Precision approach lighting system category Ⅱ,二类精密进近灯光系统;

PALS CAT Ⅲ,Precision approach lighting system category Ⅲ,三类精密进近灯光系统;

SALS,Simple approach lighting system,简易进近灯光系统;

SFL,Sequenced flashing lights,顺序闪光灯;

VASIS,Visual approach slope indicator systems,目视进近坡度指示系统;

PAPI,Precision approach path indicator,精密进近航道指示器;

HIRL,High intensity runway edge light,高强度跑道灯(边灯);

MIRL,Medium intensity runway edge light,中强度跑道灯(边灯);

RCLL,Runway center line lights,跑道中线灯;

REDL,Runway edge lights,跑道边灯。

图 3-28 机场图中的灯光表格

3.1.5 起飞最低标准

机场图的底部包括两个方面的内容:起飞最低标准、每条起飞跑道的主要灯光系统。机场运行最低标准是指机场可用于起飞和进近着陆的运行限制。对于起飞,用跑道视程(RVR)和/或能见度(Visibility,VIS)表示,如需要,还包括云底高;对于精密进近(Precision Approach,PA)和类精密进近(Approach Procedure with Vertical Guidance,APV),用决断高度/高(Decision Altitude/Height,DA/H)和 VIS/RVR 表示;对于非精密进近(Non-Precision Approach,NPA)和盘旋进近,用最低下降高度/高(Minimum Descent Altitude/Height,MDA/H)和 VIS/RVR

表示。

起飞最低标准是机场最低运行标准之一，是为了确保飞行员在起飞滑跑过程中获得目视引导。起飞最低标准用跑道视程（RVR）和/或能见度（VIS）表示，如需要，还包括云底高。确定起飞标准时，应能够确保在不利的情况下中断起飞或者关键发动机失效而继续起飞时，具有足够的目视参考以控制航空器。起飞最低标准一般只用能见度表示，但当起飞离场过程要求飞行员必须看清和避开障碍物时，在最低起飞标准中会公布云底高的信息，并在公布的程序中标出控制障碍物的确切位置。起飞标准中的云高至少应当高出控制障碍物 60 m，且云高值按 10 m 向上取整。当在仪表离场程序中规定了一个安全飞越障碍物所要求的最小爬升梯度（或使用缺省值 3.3%），并且航空器能满足规定的爬升梯度时，起飞最低标准可以仅用能见度表示。

当起飞最低标准因跑道不同而改变时，每一条跑道的最低起飞标准公布在相应的数据栏中，并且起飞最低标准是根据航空器的类别和发动机的数量进行标注的。根据航空器在审定的最大着陆重量、在着陆形态下的失速速度的 1.3 倍（即在入口的指示空速（Indicated Air Speed，IAS）），将航空器分为 A、B、C、D、E 五类。

A 类：IAS＜169 km/h（91 NM/h）。
B 类：169 km/h≤IAS＜224 km/h（121 NM/h）。
C 类：224 km/h≤IAS＜261 km/h（141 NM/h）。
D 类：261 km/h≤IAS＜307 km/h（166 NM/h）。
E 类：307 km/h≤IAS＜391 km/h（211 NM/h）。

确定机场的起飞最低标准应考虑的因素包括：避开不利地形和障碍物；航空器的操纵能力和性能；可用的目视助航设施；跑道的特性；可用的导航设施；发动机失效等不正常条件；跑道污染、侧风影响等不利的天气。

起飞最低标准分为基本起飞最低标准、高于基本的起飞最低标准和低于基本的起飞最低标准三种。

1. 基本起飞最低标准

基本起飞最低标准的制定不考虑灯光或其他助航设施。我国的基本起飞最低标准为：1、2 发航空器，VIS 为 1 600 m（其中一发航空器的云底高不低于 100 m）；3、4 发航空器，VIS 为 800 m。

例如，西宁曹家堡机场的起飞最低标准如图 3-29 所示。

跑道	起飞最低标准(有备降)(米)			主要灯光	
	飞机类别		跑道边灯	无灯(白天)	RWY11	RWY29
11/29	3发、4发及2发(涡轮)	A、B、C 类	VIS800		PALS CAT I PAPI HIRL	SALS HIRL
		D 类				
	其他1发、2发		VIS1 600			

图 3-29　西宁曹家堡机场的起飞最低标准

2. 高于基本的起飞最低标准

根据超障要求或其他需要更大能见度的因素，某些机场公布的起飞最低标准高于基本的起飞最低标准。当起飞离场过程要求飞行员必须看清和避开障碍物时，所需要的能见度应按起飞跑道的离地端（Departure End of the Runway，DER）至障碍物的最短距离加 500 m 或 5 000 m（对于机场标高超过 3 000 m 的机场，为 8 000 m），二者取较小数值。但对于 A、B 类航空器，最小能见度不得小于 1 600 m；对于 C、D 类航空器，最小能见度不得小于 2 000 m，并且需公布云底高的信息，云底高至少应当高出控制障碍物 60 m，且云高值按 10 m 向上取整。

例如，罗定机场的起飞最低标准如图 3-30 所示。

跑道	起飞最低标准（有备降）（米）			主要灯光
	飞机类别	跑道边灯	无灯（白天）	
16/34	2发	A.B类	VIS1600	无
	其他1发.2发			
注：16号跑道上升梯度如达不到4.9%的飞机，则起飞最低标准为云高130 m，VIS2600 m。 34号跑道上升梯度不小于4.3%，否则起飞最低标准为云高110 m，VIS1800 m。				

图 3-30 罗定机场起飞最低标准

3. 低于基本的起飞最低标准

对于多发航空器，如果航空器在起飞中任何一点关键发动机失效后能够停住，或者能够以要求的超障余度继续起飞至高于机场 450 m（1 500 ft），则起飞最低标准可根据表 3-11 制定。如无 RVR 测报，则可使用的 VIS 最低标准为 800 m。

表 3-11 起飞的最小 RVR

设　施	RVR/m	设　施	RVR/m
无灯（仅昼间）	500①	跑道边灯和中线灯	200/250①③⑤
跑道边灯和中线	400①②	跑道边灯和中线灯以及多个 RVR 信息	150/200③④⑤

注：① 接地区的 RVR 为控制 RVR，该值也可由飞行员目测估算。
② 对于夜间运行，至少要求有跑道边灯和跑道末端灯。
③ D 类航空器采用较高值。
④ 必须获得所有相关 RVR 报告值，并达到规定要求：
　● B、C 类航空器必须有接地区和中间点两个位置的跑道视程（RVR）报告；
　● D 类航空器必须有接地区、中间点和停止端 3 个位置的跑道视程（RVR）报告。
⑤ 使用 RVR 低于 400 m 的起飞最低标准应当满足以下条件：
　● 机场 LVP 正在实施中；
　● 跑道中线灯间距不大于 15 m。

例如，上海/虹桥机场的起飞最低标准如图 3-31 所示。

跑道	起飞最低标准（有备降）（米）			主要灯光	
	飞机类别	REDL	无灯（白天）	RWY18L/R	RWY36L/R
18L/R / 36L/R	3发.4发及2发（涡轮）	A.B C类	RVR400 VIS800	RVR500 VIS800	PALS CAT II (18L) PALS CAT I (18R) SFL PAPI HIRL RCLL TDZL (18L)	PALS CAT I SFL PAPI HIRL RCLL
		D类				
	其他1发.2发		VIS1600		

图 3-31 虹桥机场起飞最低标准

4. 起飞最低标准的实施规定

（1）当跑道起飞方向的 RVR 或 VIS 低于规定的起飞最低标准时，机组不得开始起飞。

（2）机场用于起飞的最低标准不得低于该机场可用着陆方向着陆的最低标准，除非选择了适用的起飞备降机场。

3.1.6 图边信息

图边注记中会给出该图的出版时间、生效时间、出版单位及航图编号。如图 3-1 所示，该图的出版时间为 2014 年 12 月 15 日，EFF 后的时间代表生效时间，即该图的生效时间为 2015 年 1 月 8 日，出版单位为中国民航局，航图编号为 ZSNB-2A。

3.2 制图标准

3.2.1 图幅规格与编号

本图由平面图和起飞最低标准表格两部分组成。本图应覆盖机场地面活动区及进近灯光系统。图幅编号由机场四字代码加序号组成。

3.2.2 制图比例尺

通常采用 1:20 000 至 1:50 000 之间的比例尺，在图面的下方标绘线段比例尺。

3.2.3 编绘准备工作

收集飞行程序设计部门交送的机场飞行程序设计报告资料及有关部门提供的无线电导航设备资料、机场平面布局、机场灯光和机场目视助航标志等方面的资料。根据机场平面布局和进近灯光的长度，确定机场图中跑道的位置和方向及制图比例尺。

3.2.4 平面图的编绘

1. 道面编绘

应按比例尺绘制机场所有跑道的平面范围。跑道分铺筑面和非铺筑面两种类型，制图时应用颜色予以区别；应注明跑道长度、宽度、道面材料；应在跑道的两端注明跑道的磁向、跑道号及跑道端的标高；应注明跑道的承重强度；应注明跑道入口的坐标；应在平面图上用"×"符号标绘废弃的跑道。应按比例绘出停止道平面，并注明其长度、宽度及道面材料。应按比例绘出净空道平面，并注明其长度和宽度。应按比例绘出升降带范围，并注明其长度和宽度。应按比例尺绘制所有滑行道的平面，并注明其编号；应注明滑行道的承重强度；应在平面图上用"×"符号标绘废弃的滑行道。应按比例尺绘出所有停机坪，并注明其名称或编号；应注明停机坪的承重强度。

2. 各种设施编绘

应标绘所有跑道的进近灯光系统，并注明其类型。应在图中标绘由目视坡度指示系统的跑道，并注明其类型。凡是有"T"字布或"T"字灯的机场，应标绘"T"字布或"T"字灯的位置，"T"字布或"T"字灯的符号应有所区别。应标绘各条跑道风向袋的安装位置。在制图范围内的无线电导航设施均应标绘在图上，并注明导航设施的名称、类型、频率和识别。应标绘机场内的所有甚高频全向信标台（VHF Omnidirectional Radio Range，VOR）校准点，并注明其识别和频率。机场内的 RVR 应全部标绘在图上，并注明其编号。

3. 建筑物

应标绘候机楼、塔台、气象台及与航空器滑行有关的重要建筑物的平面，并加以注记。

4. 机场基准点和停机位置坐标

应标绘机场基准点的位置。制作停机位置图时，应注明停机位置坐标。

5. 比例尺和磁差

应绘制线段比例尺。应标绘出真北方向、磁北方向及磁差。

3.2.5 其他

1. 起飞最低标准

图中应以列表方式公布每条跑道对不同机型起飞所要求的起飞最低标准及每条起飞跑道拥有的灯光系统。机场起飞最低标准表格见表 3-12 所示。

表 3-12 机场起飞最低标准表格

跑 道	起飞最低标准（有备降）			主 要 灯 光
	航空器类别	跑道边灯	无灯（白天）	

2. 本次修订的资料变化摘要

为了方便用户的使用，在图框内起飞天气标准表的下方，应用简练的语言提供本次修订数据、资料变更情况的摘要。

3. 图框外注记

用加粗字体注记图名；用表格方式标注本机场的机场标高；用表格方式注记塔台管制、航站自动情报服务（ATIS）、地面管制和放行使用的无线电通信频率；用加粗字体注记机场所在城市名称和机场名称；应注明机场基准点的坐标、图的出版单位、出版日期及生效日期。

3.3 停机位置图

根据《国际民用航空公约》附件 4 的规定，当由于资料繁杂而不能在机场/直升机场图上清楚地表示航空器沿滑行道进、出航空器停机位的地面活动所必要的详细资料时，建议提供机场地面活动图。由于航站设施复杂而不能在机场/直升机场图或机场地面活动图上清楚地注明资料时，建议提供航空器停放/停靠图。我国将停机位置图作为机场图的补充图，向飞行机组提供航空器在滑行道和停机位及航空器停放/停靠之间的地面活动的详细资料，如图 3-32 所示。

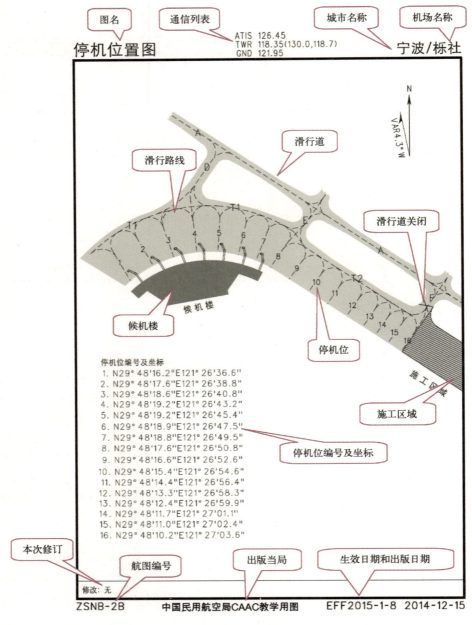

图 3-32 停机位置图

3.3.1 航图要素

停机位置图会覆盖所有停机坪、部分滑行道和与之相关的部分跑道，采用 1∶10 000 至 1∶50 000 的比例尺，可以看做机场图的局部放大，停机位置图上描述的大部分航图要素和机场图上的相同，只是强化了停机位的描述，并给出了每个停机位的坐标。停机位置图的各航图要素参见图 3-32。

3.3.2 制图标准

1. 编绘准备工作

应收集有关资料,包括停机坪的停机位置测绘数字资料和图纸资料,机场平面布局、机场灯光、机场目视助航标志等方面的文字和竣工图纸资料,无线电导航设施资料和该机场飞行程序设计报告等。

2. 停机位置图的编绘

应按比例绘出停机坪与滑行道的相应关系,并绘制出滑行的目视引导路线。

应标出停机位置及其编号和地理坐标。地理坐标用列表的形式公布,应精确到 0.1'。如果是简单的停机坪,可使用精确的经纬网格绘制,只注记停机位置的编号。

应注明停机坪和滑行道的承重强度,以及停机位置对航空器的型别限制。

应绘出滑行道入口及其代号,包括滑行等待位置和停止排灯。

应注明停机坪和登机桥的名称或编号。

应在图上用"×"符号标绘废弃的停机坪。

应注明目视停靠引导系统。

应标绘制图范围内的所有 VOR 校准点,并注明其识别和频率。

应注明滑行中的重要障碍物。

应标示对航空器运行中有重要意义的建筑物,如候机楼、塔台、航空情报室、气象台、海关及与航空器滑行有关的重要建筑物,应标绘其平面,并加以注记。

如果风向袋位于该图中,应标绘风向袋的位置。

如果机场基准点位于该图中,应标绘机场基准点的位置。

应标绘出真北方向、磁北方向及磁差。

应标绘航空器标准滑行路线及其代号和等待位置。

各航图要素的符号参见机场图部分。

本次修订的资料变化摘要和图框外注记的编绘参见机场图部分。

思考题

1. 机场图的作用是什么?
2. 机场图中标注的灯光系统有哪些?各灯光系统的作用是什么?
3. 如何使 B747-400 型航空器能够在例 3 中的道面上运行?
4. 请简述机场起飞最低标准的实施规定。
5. 我国在什么样的情况下会提供停机位置图?

第 4 章 标准仪表离场图

离场程序的目的是使航空器起飞后从机场过渡到航路飞行。离场程序以标准仪表离场图（SID）的形式公布在航图手册中。飞行员按照离场图中公布离场程序飞行不仅可以满足超障要求，同时可以简化 ATC 指令，避免通信拥挤。

4.1 图幅布局及航图要素

4.1.1 图幅布局

如图 4-1 所示，离场图主要包括标题、平面图、备注和图边注记 3 个部分构成。

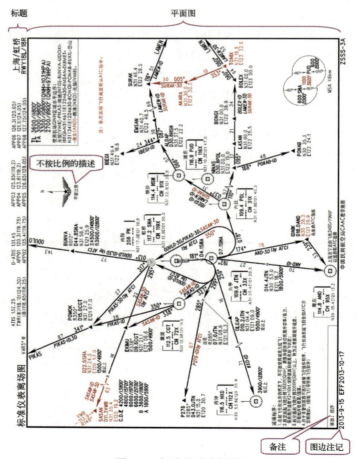

图 4-1 标准仪表离场图

4.1.2 标题、备注和图边注记

1. 标题

离场图的标题中从左至右依次包含航图名称、磁差信息、通信频率列表、机场所在地名称、机场名称及适用的跑道号，如图 4-2 所示。

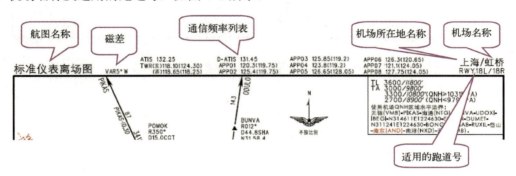

图 4-2 标题

在离场图的通信频率列表中一般会给出飞行员在离场过程中用到的通信频率，在不同机场的离场图中给出的通信频率可能会不同，一般会包括自动终端情报服务（ATIS）的频率、塔台（TWR）的频率和进近（Approach Control，APP）的频率。如果通信频率存在主用频率和备用频率，会把备用频率放在括号中进行标注。另外，有些机场根据不同的管制范围进一步划分了管制扇区，比如塔台可以按跑道分为不同的扇区，进近也可以根据流量需求划分为不同的扇区，如果存在扇区划分，会分别列出每一个扇区的频率。当有些通信频率开放时间有时效性时，会在括号中给出时间限制。

如图 4-2 所示，上海虹桥机场 ATIS 的频率为 132.25 MHz，数字通播的频率为 131.45 MHz；东塔台的主用频率为 118.10 MHz，备用频率为 124.30 MHz，西塔台的主用频率为 118.65 MHz，备用频率为 118.25 MHz；上海进近分为八个扇区，其中 APP01 表示第一扇区，其主用频率为 120.3 MHz，备用频率为 119.75 MHz，APP02 表示第二扇区，其主用频率为 125.4 MHz，备用频率为 119.75 MHz。如图 4-3 所示，大连进近的主用频率为 123.85 MHz，备用频率为 127.95 MHz，在北京时间 08:00—22:00 期间该进近频率工作，其他时间塔台和进近合并，使用塔台的频率。

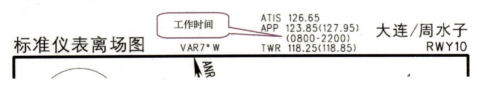

图 4-3 频率分时段工作的情况

2. 备注和图边注记

在图框的下方会标注出版时间、生效时间、出版单位和图幅编号。如图 4-4 所示，该图的出版日期 2013 年 9 月 15 日，生效日期 2013 年 10 月 17 日，出版当局为中国民用航空局，图幅编号为 ZSSS-3A，离场图的图幅编号由机场四字地名代码加 1 位数字和 1 个英文字母组成，标准仪表离场图的数字为 3，字母一般跑道号较小的离场图使用字母 A，跑道号较大的离场图使用字母 B。

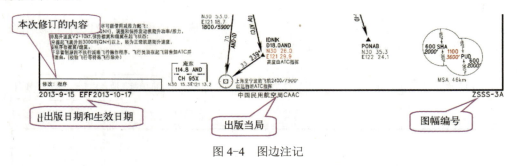

图 4-4　图边注记

4.1.3　平面图

标准仪表离场图的覆盖范围要求能清楚地表示起飞跑道至加入航路的那一点。因为不同机场离场航线的分布情况、机场和有关导航台的地理位置不同，因此根据不同机场的具体情况，比例尺的选用会不同，但是离场图一般不按比例尺绘制，如果不按比例尺绘制，会在图中注明"不按比例"，如图 4-1 所示。如果按一定的比例尺绘制，图中会给出线段比例尺。

离场图的平面图中主要给出每条离场程序名称、飞行航迹、高度、爬升梯度等信息，同时还给出了有关的速度限制、空域限制等限制条件。本节将从离场程序的命名、机场、导航台、定位点、飞行航迹、限制条件等方面进行介绍。

1．离场程序命名

离场程序开始于起飞跑道的离地端（DER），即公布适用于起飞区域的末端（跑道端或净空道端（如果跑道设有净空道）），终止于加入航路的一个重要点或导航台。离场程序的命名有两种方式。通常以离场程序结束的航路点或导航台的识别标志加上数字编号及英文字母"D"来表示。例如，VMB-1D，其中 VMB 表示该离场程序的终止点，在这个点之后航空器就进入航路飞行，"D"表示 Departure，即这是一条离场程序，数字 1 表示这是终止与 VMB 导航台的第一条离场程序。在一些较小的机场，因离场程序较少，采用以英文字母"D"加数字编号的形式作为离场程序的名称，如 D-01、D-02。

2．机场

在平面图中，起飞机场以跑道轮廓表示，跑道轮廓不按比例尺绘制，但跑道轮廓可以显示跑道方向，如图 4-5 所示。如果离场图的图幅范围内存在影响图中离场航线的机场，机场会以表 4-1 中的符号标注。

表 4-1　机场符号

名称	民用机场	军用机场	军民合用机场	民用水上机场	民用直升机场	军用备降机场
符号	⊕	◎	⊕	⚓	Ⓗ	○

3．导航台

离场程序由一系列的导航设施完成航迹引导，因此离场图中会绘制程序中用到的导航设施,并给出相应的导航设施识别信息。导航设施识别信息通常位于它所代表的导航设施符号附近,导航设施识别信息一般包含导航设施的名称、频率、识别标志及其相应的莫尔斯电码。对于测距仪(Distance Measuring Equipment,DME),一般会给出 DME 的波道信息。

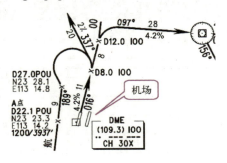

图 4-5 平面图中的机场符号

1)甚高频全向信标台

甚高频全向信标台(VHF Omnidirectional Radio Range,VOR)是一种近程无线电导航台,它与机载甚高频全向信标接收机配合使用,VOR 信号发射机和接收机的工作频率是在 108.0~111.85 MHz 频段中小数点后一位是偶数的频率和 112.00~117.95 MHz 频段中的所有频率。VOR 台站发射机发送的信号有两个:一个是相位固定的基准信号;另一个是相位变化的信号,同时像灯塔的旋转探照灯一样向 360°的每一个角度发射,而向各个角度发射的信号的相位都是不同的,它们与基准信号的相位差自然就互不相同。根据处在 VOR 台不同方位线上的航空器机载接收机接收的基准相位和可变相位的差来确定航空器方位。VOR 台通常安装在航路或终端区内主要用来实现航迹引导和定位的功能。VOR 台的实图及在离场图中的符号和识别信息如图 4-6 所示。

图 4-6 VOR 台的实图及在离场图中的符号和识别信息

图 4-6 所示识别信息框中的信息含义为:北京是 VOR 台的名称、114.7 MHz 是该台的频率、PEK 是该 VOR 台的识别标志,在我国 VOR 台的识别标志一般用 3 个字母表示。信息框的最下面一行为该导航台的莫尔斯电码。莫尔斯电码与导航识别标志的字母一一对应,飞行员通过收

听莫尔斯电码确认所接收的导航设施是否正确。字母与莫尔斯电码的对应关系见表4-2。

表4-2 莫尔斯电码表

字母	电码	字母	电码	字母	电码	字母	电码
A	·—	H	····	O	———	V	···—
B	—···	I	··	P	·——·	W	·——
C	—·—·	J	·———	Q	——·—	X	—··—
D	—··	K	—·—	R	·—·	Y	—·——
E	·	L	·—··	S	···	Z	——··
F	··—·	M	——	T	—		
G	——·	N	—·	U	··—		

2)无方向性信标台

无方向性信标台(Non-Directional Beacon,NDB)是现今仍在使用中的最古老的电子导航设备,信号发射的频率范围为200~500 kHz,与NDB台站配合使用的机载接收机叫做自动定向仪(Automatic Direction Finder,ADF)。NDB台站向各个方向发射的信号都是一样的。当ADF接收到NDB的信号时,ADF的指针就指向NDB台站所在的方向,从而给出航空器和NDB台的相对位置关系。NDB台通常安装在航路或终端区内,主要用来实现航迹引导和定位的功能。NDB台按照所处的位置和所起的作用不同分为机场近距NDB台、机场远距NDB台、航路NDB台。机场近距NDB台通常设于跑道中线延长线上,距跑道着陆端900~1 200 m,机场远距NDB台通常设于跑道中线延长线上,距跑道着陆端6 500~11 100 m,航路NDB台一般设置在航路(线)上,通常设置在航路转弯点或机场进出点处。NDB台的实图及在离场图中的符号和识别信息如图4-7所示。

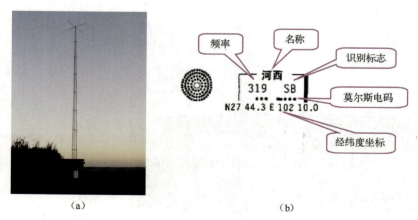

(a) (b)

图4-7 NDB台的实图及在离场图中的符号和识别信息

如图4-7所示识别信息框中的信息含义为:河西是NDB台的名称,319 kHz是该台的频率,SB是该NDB台的识别标志,在我国NDB台的识别标志一般用2个字母表示,N27 44.3 E102 10.0为该台的经纬度坐标。

3)测距仪

测距仪DME是一种测距设备,工作在UHF频段,机载DME发射信号给地面台站上的

DME,并接收地面 DME 应答回来的信号,测量发射信号与应答信号的时间差,取时间差的一半,就可计算出航空器与地面台站的直线距离,这一距离指的是航空器与地面台站的斜线距离。DME 一般与 VOR 台和仪表着陆系统 ILS 配合使用。当 DME 与 VOR 台配合使用时,它们共同组成距离-方位极坐标定位系统,直接为航空器定位;当 DME 与 ILS 配合使用时,DME 可以代替指点信标提供航空器进近和着陆的距离信息。DME 与 ILS 台联合工作时,通常设置在下滑信标台,也可设置在航向信标台。与 VOR 台联合工作的 DME 台信号覆盖区至少应与 VOR 台的覆盖区相等;与 ILS 联合工作的 DME 台的信号覆盖区至少应与仪表着陆系统方位引导扇区的信号覆盖区相等。在测距仪覆盖区内,应答机对航空器的处理容量至少应为 100 架航空器。在离场图中 DME 台的符号如图 4-8 所示。

4)VOR/DME 合装台

VOR 与 DME 组合使用,可以同时给出航空器的方位和航空器至导航台的距离。它在离场图中的符号及识别信息如图 4-9 所示。

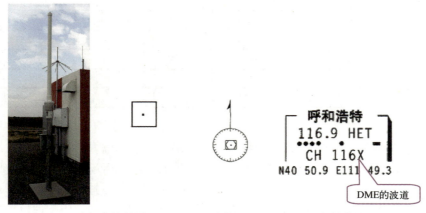

图 4-8　DME 台的符号　　　图 4-9　VOR/DME 台的符号及识别信息

图 4-9 所示识别信息框中的信息分为两部分,一部分是有关 VOR 的信息,其含义与 VOR 识别框中的相同;另一部分是有关 DME 的信息,其中 CH 116X 表示 DME 的波道信息。DME 台的波道与 VOR 台频率的调谐关系见表 4-3。

表 4-3　DME 台的波道与 VOR 台频率的调谐关系

DME 波道	VOR/ILS 频率/MHz	DME 波道	VOR/ILS 频率/MHz	DME 波道	VOR/ILS 频率/MHz	DME 波道	VOR/ILS 频率/MHz
17X	108.0	26X	108.9	35X	109.8	44X	110.7
18X	108.1	27X	109.0	36X	110.0	45X	110.8
19X	108.2	28X	109.1	37X	110.1	46X	110.9
20X	108.3	29X	109.2	38X	110.2	47X	111.0
21X	108.4	30X	109.3	39X	110.3	48X	111.1
22X	108.5	31X	109.4	40X	110.4	49X	111.2
23X	108.6	32X	109.5	41X	110.5	50X	111.3
24X	108.7	33X	109.6	42X	110.5	51X	111.4
25X	108.8	34X	109.7	43X	110.6	52X	111.5

续表

DME 波道	VOR/ILS 频率/MHz	DME 波道	VOR/ILS 频率/MHz	DME 波道	VOR/ILS 频率/MHz	DME 波道	VOR/ILS 频率/MHz
53 X	111.6	79X	113.2	95X	114.8	111X	116.4
54 X	111.7	80X	113.3	96X	114.9	112X	116.5
55 X	111.8	81X	113.4	97X	115.0	113X	116.6
56 X	111.9	82X	113.5	98X	115.1	114X	116.7
57 X	112.0	83X	113.6	99X	115.2	115X	116.8
58 X	112.1	84X	113.7	100X	115.3	116X	116.9
59 X	112.2	85X	113.8	101X	115.4	117X	117.0
70 X	112.3	86X	113.9	102X	115.5	118X	117.1
71 X	112.4	87X	114.0	103X	115.6	119X	117.2
72 X	112.5	88X	114.1	104X	115.7	120X	117.3
73 X	112.6	89X	114.2	105X	115.8	121X	117.4
74 X	112.7	90X	114.3	106X	115.9	122X	117.5
75 X	112.8	91X	114.4	107X	116.0	123X	117.6
76 X	112.9	92X	114.5	108X	116.1	124X	117.7
77 X	113.0	93X	114.6	109X	116.2	125X	117.8
78 X	113.1	94X	114.7	110X	116.3	126X	117.9

4．定位点

定位点是指利用一个或一个以上的导航设备来确定航空器位置的地理位置点，离场航线上设置的定位点，可为飞行员提供一种确定飞行进程的方法。离场图中出现的定位点有三种类型：位置报告点、转弯点（里程分段点）、区域导航航路点。位置报告点、转弯点的符号如图 4-10 所示。位置报告点分为强制性位置报告点和要求位置报告点，强制性位置报告点以实心的三角形表示，要求位置报告点以空心的三角形表示。位置报告点符号边上会标注位置报告点的名称，一般用五个字母组成的五字代码表示，图 4-10 中 EKIMU 和 POMOK 都为强制性位置报告点；转弯点（里程分段点）用"×"表示，一般位于转弯的位置或有高度限制的位置，图 4-10 中的"赵巷"为转弯点。

区域导航航路点（Way-point）是用于确定一条区域导航航线或确定使用区域导航的航空器的飞行航径而规定的地理位置，分为飞越航路点和旁切航路点。离场图中的符号如图 4-11 所示。旁切航路点（Fly-by way-point）要求在到达该点之前转弯使航空器切入下一段航路或程序的航路点，飞越航路点（Flyover way-point）为加入下一段航路或程序而飞越该点后开始转弯的航路点，如图 4-12 所示。

定位点可以采用飞越导航台、双台交叉定位和雷达定位三种方法进行定位。

1）双台交叉定位

双台交叉定位就是飞行中通过测定的两条无线电位置线相交来确定航空器位置。交叉定位常用的定位方式包括：VOR/VOR、NDB/NDB、VOR/DME、NDB/DME，应尽可能使用相同的导航系统来确定，如 VOR/VOR 定位、NDB/NDB 定位。只有在没有这种可能时，才使用混合定位，如利用 NDB 台的方位线与 VOR 径向线交叉定位。

第 4 章 标准仪表离场图　　51

图 4-10　位置报告点和里程分段点符号

图 4-11　区域导航航路点符号

图 4-12　旁切航路点和飞越航路点的示意图

　　定位点符号旁会标注相应的定位方式，定位信息中用"R 径向线角度 VOR 识别标志"表示定位时利用了 VOR 的一条径向线，用"D DME 距离数"表示定位时利用了一条距 DME 台某一 DME 距离的 DME 弧。如图 4-10 中 EKIMU 是由重固 VOR/DME 台'CGT'的 338°径向线和距其 DME 距离为 9.6 NM 的一条 DME 弧确定的，转弯点赵巷由九亭 VOR/DME 台的 285°径向线和距其 DME 距离 7.0 NM 的 DME 弧确定。用"NDB 识别标志 方位线角度"表示定位时利用了 NDB 的一条方位线。

　　有一些定位信息是通过定位线给出的，定位线用带箭头的虚线表示，如图 4-13 所示的"R045°"表示大连 VOR/DME 台'DBL'的一条 45°径向线，用来确定转弯位置；"FC269°"表示付家庄 NDB 台'FC'的 269°方位线，用来确定提前转弯点。VOR 的径向线都是背向 VOR 台，箭头指向定位点，而 NDB 台的方位线恰恰相反，箭头指向 NDB 台。

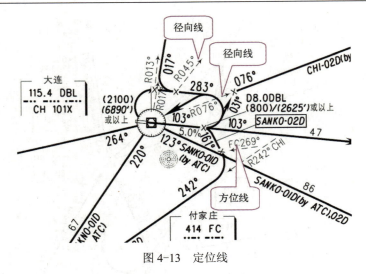

图 4-13 定位线

2)飞越导航台定位

飞行员可以根据仪表的显示判断航空器是否过台,从而确定航空器的位置。当航空器在正上方飞越 VOR 台站时,水平状态指示仪(Horizontal Situation Indicator,HIS)的 Flag 指示由 "To" 变为 "Off",飞越台站后 Flag 变为 "From";当向台飞行的航空器飞越 NDB 台时,ADF 的指针会在极短的时间内翻转 180°。

5. 飞行航迹

对每条离场程序飞行航迹的描述是平面图中最为关键的信息,是飞行员实施离场程序的依据。

1)离场航线信息

离场航线用带有箭头的实线表示,如图 4-14 所示。有关航线的信息还包括:航线角、里程、高度、机型限制等信息。一般在离场航线段的起始位置会注明磁航线角,在航线段附近会标注该航段以千米为单位的里程信息,在某些航段或航线中的定位点对航空器的飞行高度有限制,会注明以米和英尺为单位的高度要求。如果离场程序中某些航段对航空器的类型有所限制,则会注明可以使用的航空器类型。

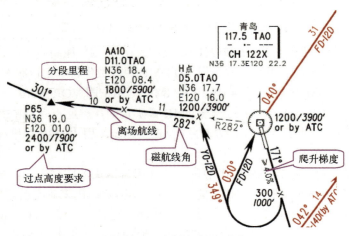

图 4-14 离场程序平面图

有些离场程序中包含盘旋爬升航线，在盘旋爬升航线附近会标注出航边飞行时间和两次过台的高度要求，如图 4-15 所示。

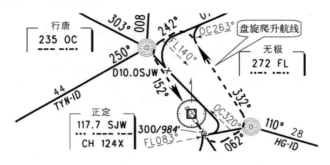

图 4-15　盘旋爬升航线

在离场图中会用文字描述盘旋上升离场过程，图 4-15 中的盘旋离场程序在图中以文字注释的形式描述，如图 4-16 所示。

盘旋上升离场程序（虚线表示）
起飞后直线上升，飞至FL083° 左转，沿磁航迹062° 飞向FL，飞至OC320° 左转，沿磁航迹332° 背FL飞至OC263° 左转，沿磁航迹242° 飞向OC，飞至FL140° 左转，沿磁航迹152° 背OC飞至FL083° 左转，继续盘旋上升，直至上升到ATC指定高度后，按ATC指令加入航线。

图 4-16　盘旋爬升航线文字注释

2）离场航线基本形式

离场航线有直线离场和转弯离场两种基本形式。各个机场根据具体的净空条件、导航台布局和空域布局采用合适的离场方式。

直线离场要求起始离场航迹与跑道中线方向相差 15°以内，当起始离场航迹不经过跑道起飞末端时，在正切跑道起飞末端处的横向距离不得超过 300 m，并且航空器高度达到跑道之上 120 m 之前，不允许改变航迹的方向。但只要实际可行，离场航迹应与跑道中线延长线一致，各种直线离场的方式如图 4-17 所示。例如图 4-1 中离场航线 AND-1D、AND-3D 的离场方式为直线离场。

离场航线要求大于 15°的转弯时采用转弯离场，但航空器高度达到跑道之上 120 m 之前，不允许转弯。转弯离场有指定高度转弯和指定点转弯两种方式。指定高度转弯指航空器的高度达到某一个值即可转弯，指定点转弯指航空器到达某一个点即可转弯。图 4-1 中离场航线 PIKAS-1D 为指定点转弯，即要求航空器在到达

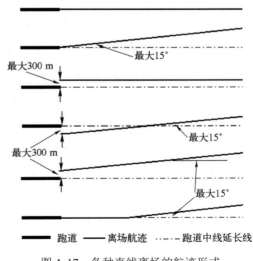

图 4-17　各种直线离场的航迹形式

点 D4.1SHA（距 SHA 的 DME 距离 4.1 NM）时可右转弯。如图 4-14 所示，离场航线 YO-12D 为指定高度转弯，即要求航空器的高度到达 300 m 时可实施右转弯。

3）航迹引导

传统的无线电导航航路的航迹引导由无线电导航设施提供，在直线离场中要求航空器在 20 km 内取得航迹引导，而在转弯离场中要求航空器在转弯之后 10 km 内取得航迹引导。在离场程序中航迹引导主要是由 VOR 的径向线或 NDB 的方位线来提供。在离场图中靠近导航台符号的位置标注 VOR 的径向线信息或 NDB 的方位信息。如图 4-1 所示，AND-1D 离场航线过九亭 VOR 台'JTN'后由 VOR 台'JTN'的 192°径向线提供航迹引导。而 ODULO-1D 离场航线过南翔 NDB 台后由南翔 NDB 台的方位线提供航迹引导，航空器飞行过程中应保持 193°的电台磁方位飞行。

4）爬升梯度

在航空器离场过程中，要求航空器相对于障碍物保持一定的超障余度，除非另有说明，否则离场爬升的最小爬升梯度为 3.3%。如果 3.3% 的爬升梯度不能满足离场程序设计中对超障余度的要求，则在离场图的平面图部分会注明特定的爬升梯度。如图 4-14 所示，起始爬升的爬升梯度要求大于等于 4%，在达到 SID 程序所要求的高度之前必须保持这个爬升梯度。

6. 限制性空域

如果离场图的制图范围内有限制性空域，包括禁区、限制区、危险区，则图中会标绘出所有这些限制性空域的范围、代码及其有活动的时间。每个限制性空域都有一个代码，包括三部分内容：第一部分为区域代码，表示限制性空域所属的情报区，用情报区四字地名代码的前两位表示；第二部分表示限制性空域的类型，其中"P"代表禁区，"R"代表限制区，"D"代表危险区；第三部分表示限制性空域的编号，限制性空域的符号及描述如图 4-18 所示，ZL（R）326 代表兰州情报区的第 326 号限制区。

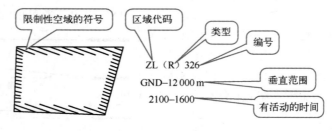

图 4-18　限制性空域的符号及描述

7. 高度表拨正程序

航空器在不同的飞行阶段，需要飞行员拨正高度表基准值，采用不同的基准面测量高度，这是由气压式高度表的测量原理决定的，即高度表是将测量的气压值与设定的基准面气压值的差值换算为航空器所在位置相对于设定的基准面的高度差值。高度表设定的基准面气压值一般有机场场面气压（QFE）、修正海平面气压（QNH）和标准大气压（QNE），在不同的情况下和不同的飞行阶段航空器将采用不同的基准面气压值。

为便于管制员和飞行员明确不同高度基准面的有效使用区域，并正确执行高度表拨正程序，高度表拨正值的适用范围在水平方向上用 QNH 适用区域的侧向界限作为水平边界，在垂直方向上用过渡高度和过渡高度层作为垂直分界。因此在离场图中会公布过渡高度层（Transition Level，TL）、过渡高度（Transition Altitude，TA）或过渡高（Transition Height，TH）以及使用机场修正海平面气压区域水平边界，如图4-19所示。

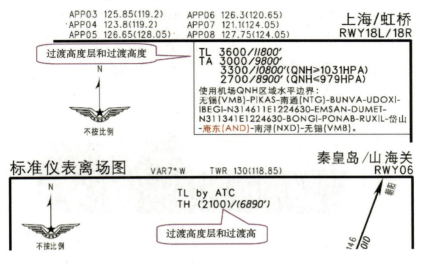

图4-19 过渡高度层和过渡高度（高）

1) QFE、QNH 和 QNE

（1）机场场面气压（QFE）简称场压，是指航空器着陆区域最高点的气压。场面气压高简称场压高，当高度表气压基准拨正场面气压值时，高度表的示数即为场面气压高。采用场面气压高可以方便判断航空器距跑道的垂直距离。但在航图上地形和障碍物的最高点用标高表示，标高是距离平均海平面的垂直距离，因此飞行员不能直观得出航空器距地形及障碍物的垂直距离。因为高原机场的场压很低，多数航空器的高度表气压刻度窗无法调到那么低的气压值，所以高原机场飞行无法使用 QFE。终端区内不同机场的场压不同，造成同一终端区内航空器的高度表基准不同，因而使得管制员无法判断航空器之间的垂直间隔，因此 QFE 不适用终端区内，同理不适用于航线运行。因此场压高只适用于进近、起飞和着陆阶段。

（2）修正海平面气压（QNH）是指将观测到的场面气压，按照标准大气条件修正到平均海平面的气压，即 QNH=QFE+机场标高/气压递减率。当高度表气压基准拨正至 QNH 值时，高度表示数为海压高度。采用 QNH 能方便地判断航空器距离障碍物的垂直距离，因为航空器与地面障碍物使用相同的基准面，即平均海平面。QNH 拨正值的使用不受高原机场的限制，并且因终端区内大气条件近似相等，终端区内由不同机场的 QFE 修正得到的 QNH 近似相等，因此 QNH 可以适用于终端区内。但因航线飞行距离远大于终端区，根据相距较远的不同机场的 QFE 修正得到的 QNH 值相差很大，无法满足同一管制区内使用统一基准面的要求，因此 QNH 不适用于航线运行。

统筹考虑 QNH 和 QFE 的优缺点，我国民用机场在 2001 年 8 月至 2002 年 8 月分三批完成了高度表拨正程序改革方案，不再使用 QFE，在终端区使用 QNH。但目前我国部分军民合用机场依然在使用 QFE。

（3）标准大气压（QNE）是指标准大气条件下海平面的气压，其值为 1 013.2 hPa（760 mmHg）。当高度表气压基准拨正至 QNE 值时，高度表示数为标准气压高度。采用 QNE 作为高度表拨正值，可以满足同一管制区使用统一基准面的要求，因此适用于航线飞行阶段。气压基准面的示意图如图 4-20 所示。

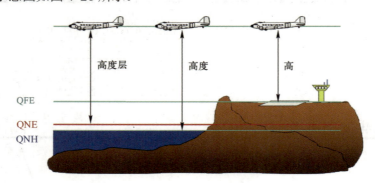

图 4-20　QFE、QNH、QNE

2）高度表拨正程序

对于在航图上公布 TL、TH 的机场，航空器在 TL 及其以上的高度使用标准大气压（QNE），在 TH 及其以下的高度使用机场场面气压（QFE）。

我国大部分机场会公布 TL、TA，下面将详细介绍机场 TL、TA 的建立规定和高度表拨正程序。

（1）建立机场过渡高度和过渡高度层的原则。

① 过渡高度层高于过渡高度，且二者垂直距离至少为 300 m，但不应大于 600 m。

② 公布的过渡高度层一般不随气压的变化而调整，当气压变化到一定程度时，为了确保在气压变化很大的情况下，过渡夹层有安全合理的垂直空间，相应地调整过渡高度。具体调整方法如下：当机场修正海压小于 979 hPa（含）时，过渡高度应降低 300 m；当机场修正海压大于 1 031 hPa（含）时，过渡高度应提高 300 m。

③ 过渡高度不得低于仪表进近程序的起始进近高度。

④ 终端区的上限高度应尽可能与过渡高度一致，以便于管制调配。

⑤ 两个或两个以上机场之间距离较近、需要建立协调程序时，应建立共同的过渡高度和过渡高度层，这个共用的过渡高度和过渡高度层必须是这些机场规划的过渡高度和过渡高度层中最高的。

⑥ 建立机场过渡高度和过渡高度层的规定见表 4-4。

表 4-4　建立机场过渡高度和过渡高度层的规定　　　　　　　　　　　　　　　单位：m

机场标高	过渡高度	过渡高度层
1 200（含）以下	3 000	3 600
1 200～2 400（含）	4 200	4 800
2 400 以上	视需要确定	视需要确定

（2）高度表拨正程序。

① 离场航空器。起飞前，发给航空器滑行许可中必须包括 QNH 高度表拨正值。航空器在过渡高度以下飞行，其垂直位置用高度表示。在爬升过程中航空器保持本场 QNH，直至到达过渡高度。在穿越过渡高度时，航空器立即将高度表的气压刻度调整到 QNE，其后航空器的垂直位置用飞行高度层表示。离场航空器在过渡高度以下穿越 QNH 高度表拨正水平边界时，必须将高度表气压刻度调到 QNE，其后航空器的垂直位置用飞行高度层表示。

② 航路、航线飞行。在未建立过渡高度和过渡高度层的区域和航路、航线飞行阶段，使用标准大气压的高度表拨正，按照规定的飞行高度层飞行。

③ 进场航空器。在进近许可和进入起落航线许可中应包括 QNH 拨正值，航空器在过渡高度层或以上飞行，其垂直位置用飞行高度层表示。进场航空器在下降穿过机场的过渡高度层，或者航空器在过渡高度以下进入 QNH 高度表拨正水平边界时，应立即将高度表气压刻度调到机场的 QNH 值，其后航空器的垂直位置用高度表示。

④ 飞越机场的航空器。在过渡高度层或者以上飞越机场的航空器，高度表拨正值使用 QNE；在过渡高度以下飞越机场的航空器，在 QNH 高度表拨正水平边界内飞行时，其高度表拨正值使用 QNH。当航路或航线的飞行高度层恰在过渡夹层，又需要通过 QNH 高度表拨正区域的水平边界时，航空器应按照管制员的指令改飞其他飞行高度层。因为为了保证飞行安全，过渡夹层不得用于平飞。

8．最低扇区高度

离场图中会标注最低扇区高度（Minimum Sector Altiutude，MSA），它是紧急情况下需偏离标准进离场航线时，在规定扇区内可以使用的最低高度。最低扇区高度是以归航台为中心，46 km（25 NM）为半径所确定的区域（包括 5 NM 的缓冲区）内，通常按照地形和障碍物情况，将整个区域划分成几个扇区，每个扇区的最低安全高度等于扇区内最高障碍物标高加上至少 300 m 的超障余度，然后以 50 m 向上取整。在山区，最低超障余度应予以增加，增加的数值最大可达 300 m，即山区的最低超障余度应为 300～600 m。离场图中最低扇区高度标注方式如图 4-21 所示，图中会标注归航台、扇区划分边界及每个扇区的最低安全高度。若存在两个重要的归航台，可依据这两个台分别划设扇区并计算最低扇区高度，并使用两个 46 km 圈的并集形式体现 MSA。图 4-21 中宁波机场的归航台为栎社 NDB 台 'BK'，分为两个扇区，其中向台磁航向 90°至向台磁航向 320°之间的最低扇区高度为 1 400 m/4 600 ft，向台磁航向 320°至向台磁航向 90°之间的最低扇区高度为 1 650 m/5 400 ft。

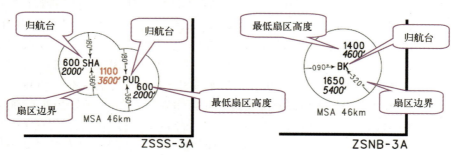

图 4-21　最低扇区高度

4.2 离场图图例

4.2.1 采用传统导航方式

飞行员在离场准备时,首先掌握离场图中的关键信息。如图 4-22 所示的宁波/栎社机场 13 号跑道的传统离场程序图,假设选择使用 AND-13D 离场,图中的标注为执行该离场程序的关键信息。

标注 1:离场过程中会使用到的通信频率。机场通播的频率为 126.45 MHz,塔台的主用频率为 118.35 MHz,备用频率 118.7 MHz 和 130.0 MHz,进近的主用频率为 125.45 MHz,备用频率 119.55 MHz。

标注 2:过渡高度和过渡高度层。当 QNH≤1 031 hPa,过渡高度为 2 700 m;当 QNH≥1 031 hPa,过渡高度为 3 300 m;当 979 hPa<QNH<1 031 hPa,过渡高度为 3 000 m,过渡高度层为 3 600 m。

标注 3:使用该离场图的注意事项。离场转弯的最大指示空速为 350 km/h。

标注 4:最低扇区高度。扇区划分以栎社 NDB 台/BK/227 kHz 为中心,以 90° 方位线和 320° 方位线分成两个扇区,其中一个扇区的最低安全高度为 1 400 m,另一个扇区的最低安全高度为 1 650 m。

标注 5:程序名称,程序名为 AND-13D。by ATC 指该程序的使用必须获得 ATC 的许可。

标注 6:离场程序的终止点。离场程序 AND-13D 的终止点为庵东 VOR/DME 台,识别标志为 AND,频率为 114.8 MHz,DME 波道为 95X。

标注 7:转弯点。由距 NGB 台的 DME 距离 3.2 NM 的 DME 弧确定。

标注 8:高度限制。过点高度要求 1 000 m(含)以上或 ATC 指定的高度。

标注 9:定位信息。该定位点由双 NDB 台定位。与中指点标合装在一起的 NDB 台"L"/262 kHz 的 55° 方位线和栎社 NDB 台'BK'/227 kHz 的 325° 方位线相交确定。

标注 10:离场航线信息。由栎社 NDB 台至庵东 VOR 台的航线角为 350°,航段里程为 41 km。

假设航空器沿离场程序 AND-13D 离场,该离场程序的实施方法为:在 VOR 导航控制盒上调谐宁波 VOR 台'NGB'的频率 116.3 MHz,把 ADF 接收机调到栎社 NDB 台'BK'的频率 227 kHz,另一个 ADF 接收机调到 NDB 台'L'的频率 262 kHz;航空器从 13 号跑道起飞后保持跑道磁向 128° 飞行,当 DME 的示数显示 3.2 时,右转使 NDB 台'BK'的 ADF 接收机的指针指向 325° 向 NDB 台'BK'飞行,且当 NDB 台'L'的 ADF 接收机的指针指向 55° 时,航空器此时的最低高度为 1 000 m/3 300ft 或 ATC 指定的高度;航空器过 NDB 台'BK'后,NDB 台'BK'的 ADF 接收机的指针指向 170°,航空器背台飞行,在 VOR 导航控制盒上调谐庵东 VOR 台'AND'的频率为 114.8 MHz,在 NDB 台'BK'和庵东 VOR 台'AND'的中间位置,改为由庵东 VOR 台'AND'提供航迹引导,航空器沿着庵东 VOR 台'AND'的 170° 径向线飞至庵东 VOR 台。在离场过程中,如果航空器的高度达到 3 000 m(假设 979 hPa<QNH<1 031 hPa),飞行员将其中一块高度表气压值拨正为标准大气压 1 013.25 hPa,另一块保持 QNH 值,当航空器的高度到达 3 600 m 时,两块高度表气压值均拨正为标准大气压 1 013.25 hPa。

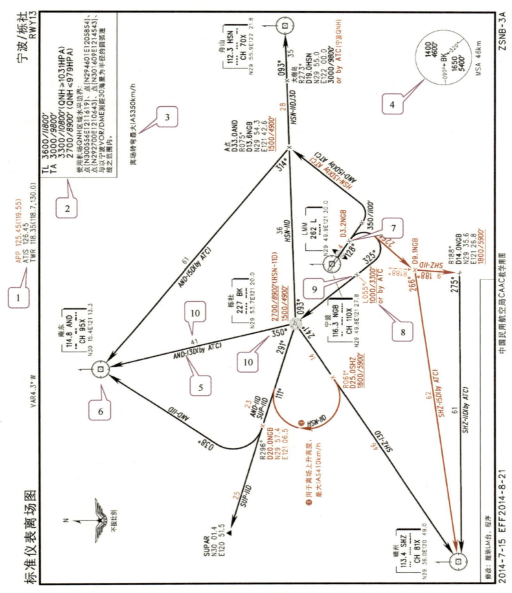

图 4-22 宁波/栎社机场 13 号跑道的传统离场程序图

4.2.2 采用基于性能导航的导航方式

基于性能导航（Performance-based Navigation，PBN）的导航方式是国际民用航空组织（ICAO）在整合各国区域导航（Area Navigation，RNAV）和所需导航性能（Required Navigation Performance，RNP）运行实践和技术标准的基础上，提出的一种新型运行概念。它将航空器先进的机载设备与卫星导航及其他先进技术结合起来，涵盖了从航路、终端区到进近着陆的所有飞行阶段，提供了更加精确、安全的飞行方法和更加高效的空中交通管理模式。PBN 的引入体现了航行方式从基于传感器导航到基于性能导航的转变。PBN 是一种导航方式，规定了区域导航系统内航空器沿 ATS 航路、仪表进近程序和空域飞行时的性能要求，通过空域运行所需的精度、完整性、连续性、可用性和功能性来确定性能要求。

在传统程序设计中航空器导航是基于地面无线电导航设施的信号进行向背台飞行。这种导航方式的最大缺点就是飞行路线受地面导航源位置的限制，常常导致飞行路线增长。如果要优化飞行程序，又会受到地基无线电导航设备安装位置和成本限制，并且保护区相对较大，导航系统误差会随着航空器距离导航设施的增大而增大。PBN 技术是一种基于性能的运行，对使用程序或航路的航空器的导航能力进行严格、明确的规定，确保了飞行轨迹的持续性、可靠性和预测性，减小超障评估区域。对于设计者来说最大的变化是设计时不用依赖导航源，而只考虑导航标准。正确选择导航标准应根据空域情况、可用的导航设施类型、机载设备和航空器运行能力，同时还要考察航空器营运人、飞行员、空中交通服务提供各个方面的能力才能确定。当这些要求都满足时，不管是什么导航设施，都可以采用统一的设计准则来设计航路点和路线，只需要根据超障和间隔标准的不同而进行适当调整，大大简化了程序设计工作，传统导航方式和 PBN 导航方式的对比如图 4-23 所示。

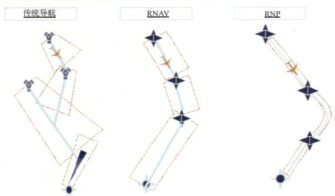

图 4-23　传统导航方式和 PBN 导航方式的对比示意图

PBN 运行有两个核心要素：导航设施和导航规范。PBN 运行可以使用的导航设施有甚高频全向信标台/测距仪（VOR/DME）、测距仪/测距仪（DME/DME）、惯性导航系统/惯性基准系统（Inertial Navigation System，INS/Inertial Reference System，IRS）及全球卫星导航系统（Global Navigation Satellite System，GNSS）主要包括美国的全球定位系统（Global Positioning System，GPS）、俄罗斯的全球轨道导航卫星系统（Global Orbiting Navigation Satellite System，GLONASS）、欧洲的伽利略（Galileo）卫星导航系统和我国的北斗导航系统COMPASS 等星座。

导航规范是指为了在某一指定空域内支持 PBN 运行而对航空器和飞行机组提出的一系列要求。PBN 包括两种导航规范：RNAV 和 RNP。如图 4-24 所示，公布时使用 RNAV X 和 RNP X。无论对指定的 RNP 还是指定的 RNAV 而言，数字"X"都指预期在该空域、航路或程序范围内，所有运行的航空器至少有95%的飞行时间里都可以达到的横向精度为 X 海里，且这只表示精度的要求，如图 4-25 所示。同样精度的 RNP 和 RNAV 运行的主要差别在于 RNP 运行要求机载性能监视与告警的要求，而 RNAV 运行则需要运用 ATS 监视设施辅助来保证航空器的安全。机载性能监视和告警能使飞行机组人员自主发现 RNP 系统是否达到导航规范所要求的导航性能，它与侧向和纵向导航均相关。因此 RNP 运行可以自行发现航空器位置和导航性能的误差，并通过告警告知飞行员，在缺乏监视设施的区域可以增加空域系统的安全性。

第 4 章　标准仪表离场图　　61

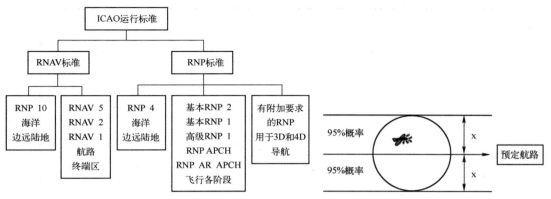

图 4-24　PBN 导航规范　　　　图 4-25　RNAV X 或 RNP X 中 X 的含义示意图

目前出现的 RNP10 导航规范，实际上为 RNAV10，主要用于在洋区或偏远地区航路阶段运行；RNAV5 用于陆地空域的航路阶段运行；RNAV1 和 RNAV2 用于陆地空域的航路运行、离场阶段、进场阶段和进近程序中起始进近和中间进近阶段的设计，支持的导航设备有 GNSS、DME/DME、DME/DME/IRU。其中 RNAV1 应用较广泛，主要应用于有雷达环境的终端区运行；RNAV4 用于在洋区或偏远地区空域的航路阶段运行。基本 RNP1 用于大陆地区空域航路、离场阶段、进场阶段、进近程序中起始进近和中间进近阶段的设计，此规范对 ATS 监视设施和交通密度无限制，因此可以在无雷达环境下使用；RNP APCH 用于最后进近航段使用精度 0.3 的直线进近航段，可以配合使用 Baro-VNAV 功能；RNP AR APCH 用于进近程序的规范，可支持多种 RNP 规范，最后进近航段使用精度 0.3~0.1 的直线或固定半径转弯航段的设计。支持 RNP 导航规范的导航设备只有 GNSS。程序的不同航段乃至同航段的不同阶段可使用不同的规范来设计。

如图 4-26 所示，宁波/栎社机场 13 号跑道的 PBN 离场程序图的标注为该离场图的关键信息。

标注 1：离场程序类型。表明该离场程序为 RNAV 离场。

标注 2：离场程序导航规范和导航源。离场程序的导航规范为基本 RNP 1，导航源为 GNSS。

标注 3：离场过程中会使用到的通信频率。其中机场通播的频率为 126.45 MHz，塔台的主用频率为 118.35 MHz，备用频率 118.7 MHz 和 130.0 MHz，进近的主用频率为 125.45 MHz，备用频率 119.55 MHz。

标注 4：过渡高度和过渡高度层。其中当 QNH≤1 031 hPa，过渡高度为 2 700 m；当 QNH≥1 031 hPa，过渡高度为 3 300 m；当 979 hPa<QNH<1 031 hPa，过渡高度为 3 000 m，过渡高度层为 3 600 m。

标注 5：最低扇区高度。扇区划分以栎社 NDB 台 'BK'/227 kHz 为中心，以 90°方位线和 320°方位线分成两个扇区，其中一个扇区的最低安全高度为 1 400 m，另一个扇区的最低安全高度为 1 650 m。

标注 6：使用该离场图的注意事项。离场转弯的最大指示空速为 350 km/h，在各点的飞行高度听从 ATC 指挥。

标注 7：程序名称，程序名为 AND-63X。其中 by ATC 是指该程序的使用必须获得 ATC 的许可。

标注 8：爬升梯度。离场起始爬升梯度大于等于 3.3%。

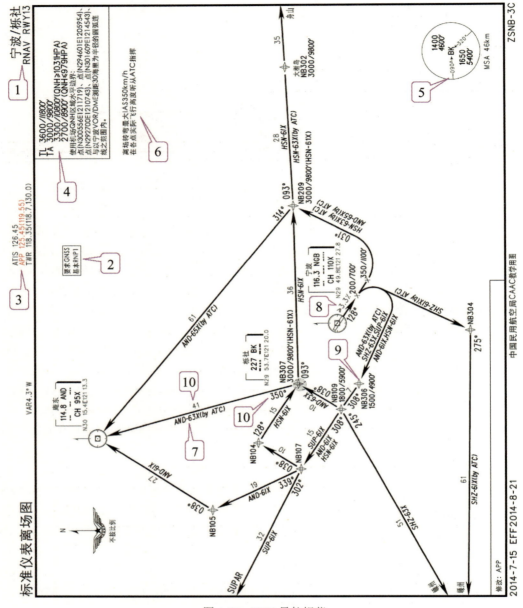

图 4-26 PBN 导航规范

标注 9：航路点，包括航路点符号、名称及过点高度要求。航路点的符号表示该航路点为旁切航路点，名称 NB306，过点高度为 1 500 m/4 900 ft，该高度为建议高度。在 PBN 程序中过点高度的要求会使用下划线或上划线，如果在 NB306 的过点高度 1 500 处加下划线，表示航空器在该点的最低高度为 1 500 m；如果在 NB306 的过点高度 1 500 处加上划线，表示航空器在该点的最高高度为 1 500 m；如果在 NB306 的过点高度 1 500 m 处既加上划线又加下划线，表示过该点的强制高度为 1 500 m。

标注 10：离场航线信息。由航路点 NB307 至庵东 VOR 台的航线角为 350°，航段里程为 41 km。

假设航空器沿离场程序 AND-63D 离场。该离场程序的实施方法为：航空器从 13 号跑道起飞后保持跑道磁向 128° 飞行，以大于等于 3.3%的爬升梯度爬升，当高度表的示数显示 200 m 时右转飞行至航路点 NB306，并要求航空器此时的高度为 1 500 m，然后沿 308° 航线角飞行 7 km 至航路点 NB109，此时要求航空器的高度为 1 800 m，右转沿 38° 航线角飞行 10 km 至航路点 NB307，左转沿 350° 航线角飞行 41 km 至庵东 VOR 台，各航路点的坐标如图 4-27 所示，各航段的航径终止码如图 4-28 所示。

编 号	经 纬 坐 标	编 号	经 纬 坐 标	编 号	经 纬 坐 标
NB100	N295402E1212958	NB301	N294922E1214038		
NB101	N295432E1212921	NB302	N295200E1223000		
NB102	N295535E1212530	NB303	N294808E1212714		
NB103	N295539E1212337	NB304	N293836E1212148		
NB104	N300213E1211537	NB305	N294854E1211531		
NB105	N300606E1210805	NB306	N295029E1212508		
NB106	N300831E1211549	NB307	N295055E1212510		
NB107	N295641E1211314				
NB108	N295239E1211436	AND	N3021.3E12120.2		
NB109	N295224E1211846	HSN	N2946.0E12212.9		
		NGB	N2925.7E12115.7		
		SHZ	N2919.9E12036.9		
NB200	N295208E1213133	SUPAR	N3012.4E12048.5		
NB201	N295352E1213830				
NB202	N294641E1213818				
NB203	N294552E1214514				
NB204	N294021E1214050				
NB205	N294305E1213603				
NB206	N294524E1213201				
NB207	N295647E1210517				
NB208	N295518E1210626				
NB209	N295018E1214536				

修改：新图

2013-7-15 EFF2013-8-22　　中国民用航空局 CAAC　教学用图　　ZSNB-4E

图 4-27　宁波/栎社各航路点坐标

航径描述	定位点标识	是否飞越点	磁航向/°	转弯指示	高度/m	速度限制/(km/h)	VPA/TCH	导航性能
RWY13 离场 AND-61X								
CA			128		200		≥3.3%	RNP1
DF	NB306			R	1 500	MAX350		RNP1
TF	NB109				1 800			RNP1
TF	NB107							RNP1
TF	NB105							RNP1
TF	AND							RNP1
RWY13 离场 AND-63X(by ATC)								
CA			128		200		≥3.3%	RNP1
DF	NB306			R	1 500	MAX350		RNP1
TF	NB109				1 800			RNP1
TF	NB307				by ATC			RNP1
TF	AND							RNP1
RWY13 离场 AND-65X(by ATC)								
CA			128		350		≥3.3%	RNP1
CF	NB209		031	L	by ATC	MAX350		RNP1
TF	AND							RNP1
RWY13 离场 HSN-61X								
CA			128		200		≥3.3%	RNP1
DF	NB306			R	1 500	MAX350		RNP1
TF	NB109				1 800			RNP1
TF	NB107							RNP1
TF	NB104							RNP1
TF	NB307				3 000			RNP1
TF	NB209				3 000			RNP1
TF	NB302				3 000			RNP1
TF	HSN				3 000			RNP1
RWY13 离场 HSN-63X(by ATC)								
CA			128		350		≥3.3%	RNP1
CF	NB209		031	L	by ATC	MAX350		RNP1
TF	NB302				3 000			RNP1
TF	HSN				3 000			RNP1

修改：新图

ZSNB-4F　　　中国民用航空局 CAAC　教学用图　　　EFF 2013-8-22 2013-7-15

> 离场程序AND-63X第二个航段的航径终止码

图 4-28　宁波/栎社各航径终止码

4.3　制图标准

4.3.1　编绘准备工作

1. 资料收集

根据编图目的及范围收集 1∶500 000 和 1∶1 000 000 地形图、经批准的仪表飞行程序设计原图和设计报告、机场资料（机场基准点坐标，跑道数据）、通信资料、导航设备资料和限制空域资料等。

2．制图区域

以制图资料为基础，从制图区域的全局出发，对各要素的分布情况及它们之间的相互联系进行分析比较、综合研究，查明航空要素的分布情况，确定制图比例尺和所使用的资料；确定机场、航路、通信和导航设备资料的使用程度和范围；确定附加资料的增补内容和增补方法。

4.3.2 制图比例尺及底图编绘

1．制图比例尺

标准仪表离场图的覆盖范围应能清楚地表示起飞跑道至加入航路的那一点，包括各定位点之间航段的情况。在起飞跑道至取得仪表引导的定位点之前，容易出现图素拥挤，这时可将拥挤部分向四周图素稀疏的地方扩展，图素之间的相对关系不应改变。应在图中适当的位置绘出线段比例尺。如果按比例尺绘制，其比例尺应根据离场航线所涉及的范围及图幅尺寸确定，通常采用 1∶500 000 比例尺至 1∶1 000 000 比例尺，应在图中适当的位置绘出线段比例尺；如果不按比例尺绘制，应在图中适当的位置标明"不按比例尺"；变比例尺绘制时，因制图的图幅太小，部分方向的航迹不按比例尺绘制，应在该航迹上和航图的其他方向使用比例中断符号。

2．底图编绘

经纬网格：按比例尺绘制时，宜标绘经纬网格。根据离场航线的分布情况，以及机场和有关导航台的地理位置确定所需绘制的经纬网格的间隔，并在图框边标注经纬度数值。

障碍物：如果起飞离场梯度超过 3.3%，图中应标绘离场各个航段的控制障碍物。

国境线：应按照 2.2.4 节国境线的要求绘出。

4.3.3 航空要素

1．跑道

离场机场的所有跑道均应按跑道图形绘出。如果跑道长度按比例尺绘制，跑道宽度可适当放大。

2．无线电导航设施

为起飞离场程序提供航迹引导的导航设备及程序中各个定位点定位时需要使用的导航设施均应在平面图中绘出。制图范围内与离场程序无关的导航设施不必标绘在平面图中。无线电导航设施的名称、频率、识别、莫尔斯电码、地理坐标应在图中标注，无线电导航设施和定位点的地理坐标注记精度至少应达到 0.1′，测距台的 DME 距离精度应精确到 0.1 NM。

3．航迹

航迹、方位和径向方位应以磁北为基准。图中应用线状符号描绘航迹线。所有航迹线的直线段均应在起始位置注明飞行的磁航迹。如果离场程序中某些航段对航空器的类型有所限制，则应注明可以使用的航空器类型。

图中应标注所有航线段和航线段中的定位点对航空器飞行高度的限制。盘旋爬升航线应注明出航边飞行时间和两次过台的高度。应标注重要点之间的距离。航线段应标注程序所要求的飞行最低超障高度及有规定的飞行高度限制。

离场程序中使用雷达引导航空器飞行的航线段应使用雷达引导航线符号。用于支持导航数据库编码的数据应在图中或另页公布。

4．定位点

定位点应使用与其类型相一致的符号表示，并注明定位点名称。采用交叉定位方法确定其位置的定位点，应标明所使用的导航台的识别及定位点与导航台的方位关系或距离。区域导航程序对其航路点还应提供地理坐标。

5．限制空域

图中应描绘出制图范围内的所有限制空域的范围，并标注其代码、高度下限和上限、限制时间。当同一个限制空域内不同的位置高度限制有所不同时，应使用虚线表示高度规定的界限，并分别注明其高度。

6．最低扇区高度

图中应标注最低扇区高度。应在图中注明扇区中心导航台的识别，并表示出扇区的起始和结束方位，同时标注沿该方位线向台飞行时的磁航向和注明每一个扇区的最低安全高度。

7．过渡高度和过渡高度层

图中应标绘出使用机场修正海平面气压（QNH）的水平区域边界，并注明过渡高度和过渡高度层。

8．磁差

图中应注明磁差。

4.3.4 其他

1．离场程序文字说明

对于较复杂的离场程序，宜在图上用文字说明。相关的通信失效程序宜在图上公布。

2．本次修订的资料变化摘要

应用简练的语言提供本次修订数据、资料变更情况的摘要。

3．图框外注记

在图框上方用加粗字体注记图名；用表格方式注记飞行员在离场过程中可能使用的无线电通信频率；用加粗字体注记机场所在城市的名称和机场的名称，在机场名称的下方注记起飞所使用跑道的跑道编号。在图框的下方应注明图的出版日期和生效日期、出版单位及图幅编号。

思考题

1. 参照图 4-1 简述 AND-3D 的飞行过程。
2. 参照图 4-1 简述航空器在离场和进场过程中高度表拨正程序。
3. 参照图 4-22，飞行员沿 SHZ-13D 离场程序，在从 NDB 台 'BK' 飞至 VOR 台 'SHZ' 的过程中，因绕飞雷雨需偏离航线飞行，请思考在该过程中航空器的最低安全高度是多少？为什么？
4. 简述离场程序的离场方式。
5. 参照图 4-14，简述 YO-12D 程序第 2 个转弯点的定位方式。
6. PBN 的导航规范有哪几种？简述各导航规范的适用性？

第 5 章 　航路图及区域图

航路图是为机组提供便于沿空中交通服务航路飞行的资料，使之符合空中交通服务程序的要求而制作的，主要提供飞行中所需要的航行信息，用来制定飞行计划、明确航空器位置、保持安全高度及确保导航信号的接收。航路图上包含航线、管制空域限制、导航设施、机场、通信频率、航路最低飞行高度、航段里程、报告点及特殊用途空域等飞行中所必需的航行资料。

由于空中交通服务航路不同，位置报告要求、飞行情报区域或管制区域的横向限制在空域的不同层次内也随之不同。根据航路图所覆盖的空域范围的不同，航路图可分为低空航路图、高空航路图、高/低空航路图。低空航路图主要描述从最低可用仪表飞行高度到由管制部门指定的高度上限之间的空域；高空航路图主要描述国家规定的高空空域。在绘制航路图时，如果有足够的空间可以把高空和低空空域都描述出来，则公布高/低空航路图。我国目前的航路图采用高/低空航路图的形式。

5.1 航路图图幅布局及航图要素

5.1.1 封面和封底信息

航路图封面和封底中包含大量的重要信息，主要包括：标题栏、封面索引图、用图说明、本次修订内容、飞行高度层配备标准示意图及航路图中使用的主要图例。

1. 标题栏

标题栏中的信息主要包括航图编号、航图名称、航图日期及数字比例尺。如图 5-1 所示，航路图的编号"ERC 1"代表航路图第一幅，出版日期为 2015 年 3 月 15 日，生效时间 2015 年 4 月 30 日零时，比例尺为 1∶2 500 000。

图 5-1　航路图标题栏

2. 封面索引图

为了帮助用户迅速找到所需的航路图，在标题栏的下方提供了封面索引图，索引图主要提供该张航图的覆盖范围及与其相邻的航图的覆盖范围，还包括国境线、航路图图幅范围中的主要城市及区域图的覆盖范围。如图 5-2 所示，本张航图是航路图 1 和航路图 2，哈尔滨、长春、沈阳、天津等是航路图 1 中的主要城市，北京、上海、广州、成都有区域图，在这四个城市的位置上用阴影符号来表明存在区域图。

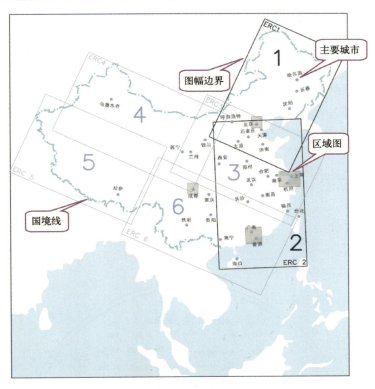

图 5-2　封面索引图

3．用图说明

在封面索引图的下方是一段非常重要的文字说明。如图 5-3 所示，用来说明使用该航路图的注意事项，包括空域和航路的相关信息，如第 3 条说明了"管制区及管制扇区垂直范围未加说明为 GND-12 500 m"，使用航路图前应仔细阅读该部分内容。

说明：
1．航图中只标注与航线相关的导航台，仅用于机场导航的导航台不做标注。
2．X、V 系列航线为临时航线，使用须经 ATC 同意，图中不另加文字说明。
3．管制区及管制扇区垂直范围未加说明为 GND-12 500 m。
4．空中走廊内的航线数据见航图手册《空中走廊示意图》。
5．区域图范围内的数据见航图手册《区域图》。

图 5-3　用图说明

4．本次修订内容

在航路图封面中会特别列出此次修订中修订的主要内容，以方便用户了解和上一期航图对比发生了哪些变化，如图 5-4 所示。

ERC1
1. 邳县VOR导航台迁址，调整相关航路航线走向及航段数据；1B
2. 威海VOR导航台迁址，调整J36、W53航线部分航段数据；2C
3. 青岛区域03号管制扇区主频调整为128.55MHz；2C

ERC2
1. 邳县VOR导航台迁址，调整相关航路航线走向及航段数据；6B、6C、7B
2. 威海VOR导航台迁址，调整J36、W53航线部分航段数据；8C
3. 原经义乌NDB导航台的航线走向调整至义乌VOR导航台，报告点P30
   名称调整为PUGIM；5C
4. 调整上海区域06号扇区主用频率，05、08、10号扇区备用频率；3C
5. 广州区域增设23号扇区，调整03号扇区范围；3B
6. 新增郑州进近管制区01、02号扇区频率；7B
7. 青岛区域03号管制扇区主频调整为128.55MHz；7C

图 5-4 本次修订内容

5．飞行高度层配备标准示意图

航路巡航飞行中，高度层是非常关键的信息，在航路图的封底中会给出米制和英制对照的飞行高度层配备标准，以方便飞行员查询。飞行高度层配备标准示意图如图 5-5 所示。

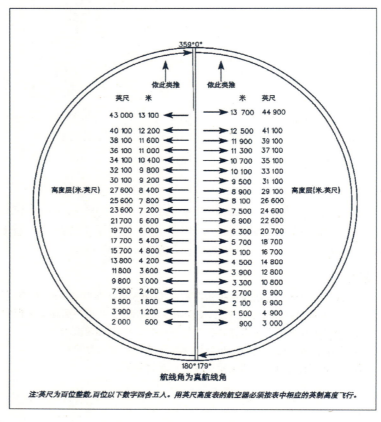

图 5-5 飞行高度层配备标准示意图

6．图例

在航路图封底的最下方，给出了 NAIP 航路图中的主要图例符号，以方便用户读图，如

图 5-6 所示。我国 AIP 中航路图中的某些符号和 NAIP 中航图略有不同，AIP 航路图中的图例如图 5-7 所示。

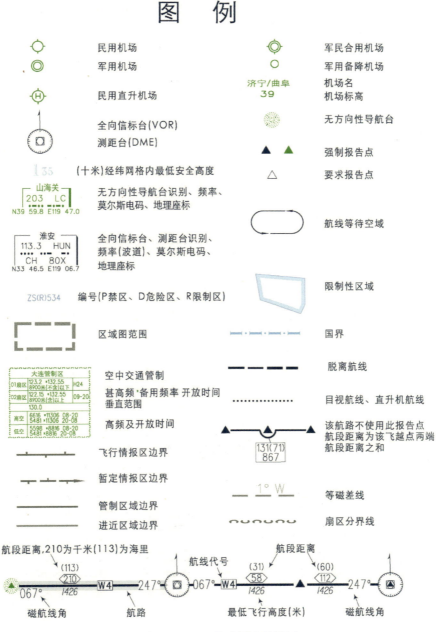

图 5-6 NAIP 航路图中的图例

7．进近通信频率列表

与中国 NAIP 中航路图相比，在中国 AIP 航路图的封底信息中还包括进近的通信频率列表，如图 5-8 所示。

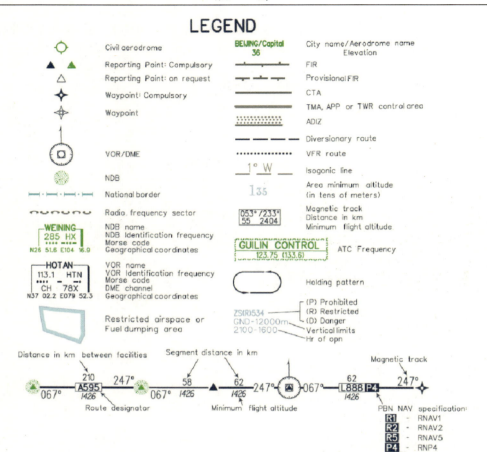

图 5-7　AIP 航路图中的图例

APP COMMUNICATIONS

Beijing APP	119.0(125.05) AP01	**Lanzhou APP**	120.25(127.9) AP01
	126.1(129.0) AP02		119.15(125.025) AP02
	120.6(125.05) AP03		124.2(125.025) AP03
	119.7(129.0) AP04		119.45(127.9) AP04
	127.75(126.5) AP05	**NANCHANG APP**	119.95(123.85)
	121.1(126.5) AP06	**Nanjing APP**	119.25(120.35) AP01
	124.4(124.7) AP07		126.55(120.35) AP02
	125.5(124.7) AP08	**Nanning APP**	121.25(119.85)
Changchun APP	119.45(125.25)	**Ningbo APP**	125.45(119.55)
Changsha APP	119.65(120.6) AP01	**Qingdao APP**	119.4(124.6) AP01
	125.65(125.05) AP02		121.15(124.6) AP02
	124.6(125.05) AP03	**SANYA APP**	125.55(119.25)

图 5-8　AIP 航路图中的进近通信频率列表

5.1.2　底图信息

航路图上的底图信息主要包括经纬网格、等磁差线、区域最低安全高度、地形信息和国境线，如表 5-1 所示。航路图上给出经线和纬线是为了帮助标绘或定位航路图上的某一个位置,航路图上经线和纬线之间的间隔取决于航路图的比例尺,航路图所覆盖的地理区域越小,经纬网格的间隔也越小,我国的航路图选用偶数的经线和纬线。在航路图上,用整数的等磁差线描述磁差,等磁差线以连续的灰色虚线表示,表 5-1 中"8°W"表示西偏 8°的等磁差线。区域最低安全高度是以经纬网格中最高障碍物的标高加上一定的超障余度得到的(平原为 300 m,高原和山区为 600 m),航路图中以 10 m 为单位进行公布,表 5-1 中"135"表示区域最低安全高度为 1 350 m。航路图上会以蓝色的区域描述水系,包括河流、湖波和海洋。

表 5-1 航路图底图符号

符号名称	图示
等磁差线	
国境线	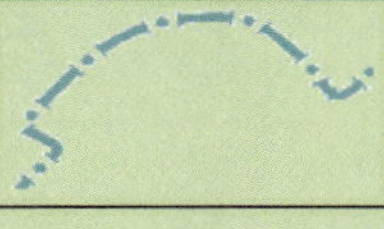
经纬度网格	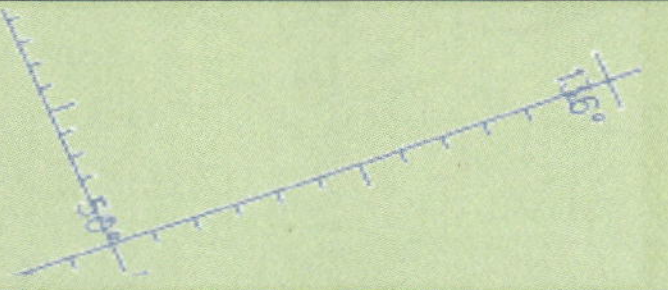
区域最低安全高度(10 m 为单位)	
线状水系	
湖波	
海洋	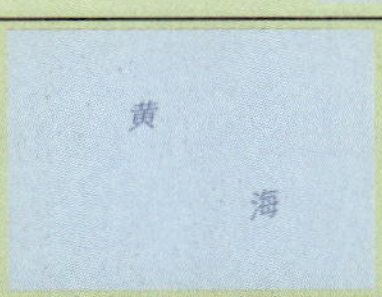
区域图范围线及注释信息	
航路图分幅线及注释信息	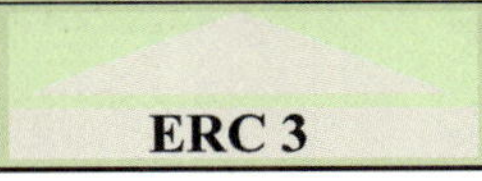

5.1.3 导航设施、航路点和机场

1. 导航设施

导航设施在民航运输飞行中起着非常重要的作用。导航设备的种类很多,各种设备

要求有对应的机载设备。飞行人员必须根据所驾驶航空器的性能，来选择不同导航设备的航路。因此，航路图中会标明导航设备的类型和导航设备的特性，如频率、呼号、坐标等。常见的导航设备的符号及注释如图 5-9 所示。在对导航设备标记中，NDB 台和 VOR 台会注明导航台的名称、呼号、频率及地理坐标；DME 台会注明台名、呼号、波道及坐标。对于两种或三种导航设备因在同一位置或由于距离太近而无法分别表示的，应将各设备的数据舍去不重要部分，按 VOR、DME、NDB 的排列顺序表示出来。如图 5-9 所示，庆阳台为"VOR/DME"合装台，长武为"NDB"台，宁陕为"VOR/DME"合装台且与 NDB 台'RQ'位置非常近。

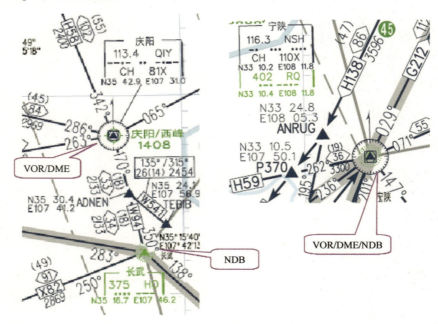

图 5-9 导航设备在航路图上的符号及标注

2．航路点

航路点是沿航路或航线用于确定地理位置的点，可提供一种检查飞行进程的方法。航路点往往位于航路的转弯处或航路的交叉点。在我国航路图上的定位点分为强制报告点、要求报告点和区域导航航路点。强制报告点是航空器到达该点上空时，必须向空中交通管制员报告；要求报告点是航空器到达该点上空时，根据要求向空中交通管制员报告；区域导航航路点是 PBN 航路上的航路点，也分为强制报告和要求报告两类。航路上定位点的符号见表 5-2。

表 5-2 航路点符号

强制报告点	▲	要求报告点	△
区域导航航路点强制	◆	区域导航航路点要求	◇

仅供国内航空器运行使用的航路点由民航局空中交通管理局指配 P 字代码，如图 5-10 中，H57 航路上的强制性位置报告点 P294。对国外航空器开放使用的，由民航局空中交通管理局通报国际民航组织亚太地区办事处，并协调指配五字代码，如图 5-10 中 B215 航路上的强制性位置报告点 APOGO，L888 航路的区域导航航路点 LEBAK 为要求报告点，TEMOL 为强制报告点。

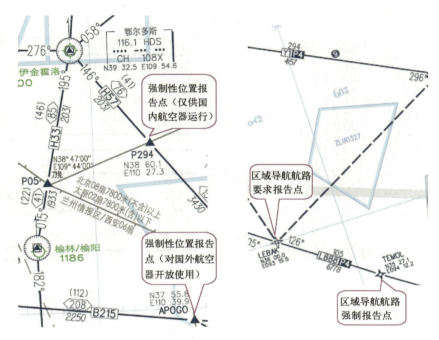

图 5-10　位置报告点的符号及名称

3. 机场

航路图为整个制图区域内的飞行服务，它包括区域内的任何一个民航机场、军民合用机场及可供民航使用的军用机场。因而，在航路图上会标出供民用航空器使用的所有能进行仪表进近的机场。在航路图中会用不同的机场符号来表示不同类型的机场，并在机场符号的下方说明机场所在城市名称、机场名称及机场标高，机场标高的单位为米，见表 5-3。

表 5-3　机场符号及标示

民用机场	⊕	军用机场	◎
军民合用机场	⊕	军用备降机场	○
民用水上机场	⚓	民用直升机场	Ⓗ
城市名/机场名 机场标高		昌都/邦达 4334	

5.1.4 航路

航路是根据导航设施或自主导航引导建立的走廊式保护空域,供航空器做航线飞行,并由管制员提供空中交通服务,在我国的航路图中描述了几种不同类型的航路,航路中线的符号见表 5-4。

表 5-4 航路中线的符号

航路及宽度注记	
航线	
单向航线	
脱离航线	
目视航线	
单向目视航线	
可飞航线	
单向可飞航线	

航空器在沿航路/航线飞行时,除了需要导航设备资料外,还必须得到所飞航路/航线的各种数据,如航路代号、航线角、航段里程、最低飞行高度等。航路资料的相关符号和表示方法如图 5-11 所示,H14 为一条航路的航路代号, W93 为一条航线的航线代号,由静宁 VOR/DME 台'JIG'至强制性位置报告点 VISIN 的航线角为 103°,航段里程 61 km(33 NM),最低飞行高度为 3 542 m。对于那些距离太短,无法标记航路数据的航路,可采用数据框的形式标记航路数据,如图 5-11 中航线 W541 由 ADNEN 至 TEBIB 航段的数据放在数据框中。

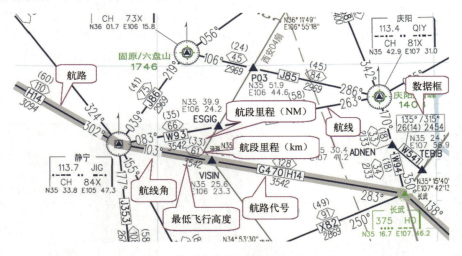

图 5-11 航路资料的相关符号和表示方法

如图 5-12 所示,V11 为一条单向航线,连接'FKG'VOR/DME 台和区域导航航路点

LIGHT 的航线为可飞航线，Y3 是一条区域导航航路，以 P4 表示的导航规范为 RNP4。目前我国的区域导航航路主要包括西部 L888、Y1、Y2、Y3 等 RNP4 航路，三亚情报区 L642、M771 等 RNP10 航路，并在 A461、A593、B215(VOR 'URC' - NUKTI)等航路或航段实施了 RNAV2，G212、G597、A326（VOR 'VYK'-DONVO）等航路或航段实施了 RNAV5，A343、A364、B213（VOR 'CZH' - VOR 'LXA'）等航路或航段实施了 RNP4。高精度 PBN 航路运行精度高，所需空域少，在有限的空域范围内可以大幅度提升主干航路容量，缓解繁忙航路的流量压力。

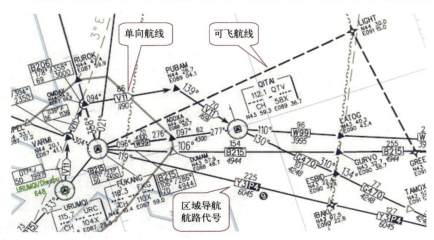

图 5-12　单向航线和可飞航线

1. 航路（或航线）代号

为便于飞行员和空中交通管制部门工作，每条航路都分配有明确的航路（或航线）代号，航路（或航线）代号的使用可以明确航路或者航线的性质和类型，能表明一条主要或者专门用于某种类型航空器运行的航路和航线，对于区域导航航路可以明确导航规范。航路代号包含基本代号，必要时可以补充一个前置字母或者一个后置字母，航路代号的字符数通常不多于 5 个，任何情况下不得超过 6 个。国际民用航空组织规定航路的基本代号由一个拉丁字母和 1～999 的数字组成，基本代号可用的字母及其含义如下。

A、B、G、R：用于地区航路网组成中的空中交通服务航路和航线，其中区域导航航路除外。

L、M、N、P：用于地区航路网组成中的区域导航航路。

H、J、V、W：用于非地区航路网组成中的空中交通服务航路和航线，其中区域导航航路除外。

Q、T、Y、Z：用于非地区航路网组成中的区域导航航路。

如果需要，可以在基本代号前加上一个前置字母，K 表示主要为直升机划设的低空航路或者航线；U 表示航路或者航线或者其中的部分航段划设在高空空域；S 表示专门为超音速航空器加速、减速和超音速飞行而划设的航路或者航线。

在基本代号之后可以加上一个后置字母，表示航路或者航线提供服务的种类或者所需的转向性能。在飞行高度层 6 000 m（含）以上的所需导航性能类型 1（RNP1）的航路，字母 Y 表示航路上在 30°～90°之间的所有转弯必须在直线航段间正切圆弧允许的所需导航性能精度容差内进行,并限定转弯半径为 42 km;在飞行高度层 5 700 m(含)以下的所需导航性能类型 1(RNP1)的航路,字母 Z 表示航路上 30°～90°之间的所有转弯必须在直线航段间正切圆弧允许的所需导航性能精度容差内进行,并限定转弯半径为 28 km;D 表示航路、航线或者部分航段只提供咨询服务;F 表示航路、航线或者部分航段只提供飞行情报服务。

目前我国使用的航路代号如图 5-13 所示,地区性空中交通服务航路或根据国际民航组织亚太地区航行规划确定的国际航路或我国确定的对外开放航路,其航路走向是由地区航行会议确定,航路代号由国际民航组织亚太地区办事处指定,分别为 A、B、G、R。地区性区域导航航路同样由国际民航组织亚太地区航行规划确定,航路代号由国际民航组织亚太地区办事处指定,分别为 L、M、N 和 P。非地区航路网组成的国际航路代码由我国民航局指定,其中传统导航方式下的航路航线使用 W1-499、区域导航航路使用 Y、临时航线 V。国内空中交通服务航路由我国民航局指定代码,分别为 H、J,国内临时航线使用 X。国内区域导航航路由我国民航局指定代码,使用 Z。对于区域导航航路,使用后缀表示航路的导航规范,其中 R1 表示 RNAV1、R2 表示 RNAV2、R5 表示 RNAV5、P4 表示 RNP4、P10 表示 RNP10。如图 5-12 所示,Y3 是一条区域导航航路,导航规范采用 RNP4。

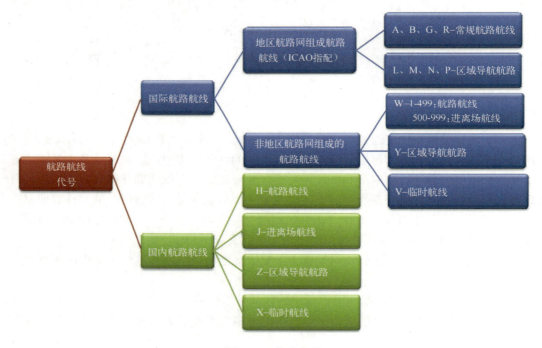

图 5-13 航路代号

2. 航段里程

航段里程是指航段上两个定位点之间或定位点和导航台之间的直线距离。航段总里程是指航段上相邻两个导航设施之间的直线距离。在我国 NAIP 中公布的航路图中,航段里程和航段总里程都放在一个六边形的框里。在航路图上里程的单位有两种,放在六边形中的数值单位为 km,放在小括号中的数值单位为 NM,如图 5-11 所示,静宁 VOR 台和强制性位置报告点 ESGIG 之间的分段里程为 66 km、35 NM。而在我国 AIP 中公布的航路图中,航段总里程放在一个六边形的框里，航段里程直接标在航段上，单位采用千米（km）。如图 5-14 所示，VOR 台"JIG"和强制性位置报告点 ESGIG 之间的分段里程为 66 km，ESGIG 和'QIY'台之间的分段里程为 107 km；图 5-15 中点 P20 对于 R474 航路是强制性位置报告点，但航线 J427 不使用此报告点，数据框中的里程 160 km（87 NM）是指来宾 VOR/DME 台至点 P125 的里程。

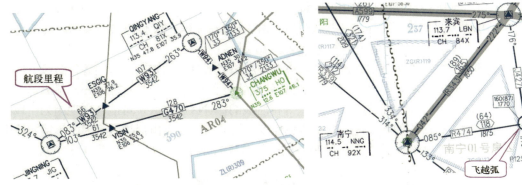

图 5-14　AIP 中的里程描述　　　　　　图 5-15　飞越点的里程描述

3. 最低飞行高度

仪表航路应能确保航空器在航路飞行过程中导航信号的连续与覆盖，保证飞行航迹保持在规定的航路安全保护区宽度之内及相应的最低飞行高度（Minimum Flight Altitude，MFA）之上。根据国际民航组织 ICAO Doc 8168 文件的规定，仪表航路应公布每一个航段的最低安全飞行高度，最低安全飞行高度由航段保护区内最高障碍物的标高加上相应的超障余度，并向上 50 m 取整，超障余度在高原或山区为 600 m，其他地区为 300 m，最低安全飞行高度之上的第一个飞行高度层为最低航路高度（Minimum Enroute Altitude，MEA）。目前在我国航路图上公布的为最低飞行高度（MFA），是避免航空器与地面障碍物相撞的最低高度要求，要求航空器在仪表飞行时，MFA 为航路中心线或航线两侧各 25 km 范围内的最高障碍物标高加上相应的超障余度，超障余度在高原和山区为 600 m，在其他地区为 400 m。在航路图中的每一个航段上都会以米制单位标注最低飞行高度，如图 5-15 所示，R343 航路上南宁 VOR/DME 台和强制性位置报告点 P20 之间的航段最低飞行高度为 1 875 m。

5.1.5　等待程序

等待程序是为了疏导交通流量，为飞行中的航空器提供等待区域，以保持必要的间隔和进近序列而设立的一种飞行程序。有一些等待程序以等待航线的形式标在航图上，还有一些由管制员通过等待指令直接给出。等待航线的描述需要 5 个基本要素：等待点、等待方向、出航航线角、出航时间、最低等待高度层，某些等待航线中还会公布最高等待高度层及等待速度。

1. 等待程序的基本要素

等待航线必须设在某一个点即等待点，作为等待航线的起点和终点，等待点可以是一个交叉定位点、导航台或者区域导航航路点，如图 5-16 所示的等待点为南雄 VOR/DME 台。等待航线分为左等待航线和右等待航线，航空器在转弯时如果进行的都是左转弯，则为左等待航线，如果进行的都是右转弯，则为右等待航线。对于等待航线，右转弯等待航线为标准等待航线，如图 5-16 所示的等待航线为左等待航线。一个等待航线包括飞向等待定位点的入航航段和背离等待点的出航航段，出航航段的航线角即为出航航线角，如图 5-16 所示的等待航线的出航航线角为 348°。等待航线的保护区随着出航航段长度的增加而增加，因此等待航线上会标出出航航段的长度或者出航时间，对于标准的等待航线，在平均海平面 14 000 ft（4 250 m）以下，等待程序的标准出航时间 1 min；在平均海平面 14 000 ft（4 250 m）以上，等待程序的标准出航时间 1.5 min，在我国的航路图上等待航线一般会标出最大出航边长度，如图 5-16 所示的等待航线的最大出航边长度为 20 km。

等待航线需规定一个最低等待高度层，以满足超障或者空域的限制，有些等待航线会同时给出最高的等待高度层，如图 5-16 所示的等待航线的最低等待高度层为 7 200 m，最高等待高度层为 12 500 m。由于航空器的速度越大，等待航线的保护区就越大，可能会出现因为空域的限制，必须限制等待航线的保护区，为了避免速度较快的航空器飞出保护区，因此等待航线上会标出相应的等待速度限制，如图 5-16 所示的等待航线的等待最大指示空速为 445 km/h。

图 5-16　等待程序

2．等待程序的进入方式

当等待点是一个导航台时，航空器可以全向进入等待程序，根据航空器到达等待定位点的来向与等待程序入航航道之间的位置关系，可以采用三种方式进入等待程序，使得飞行员不需要过多的机动操作，就可以在入航航道上正确定位。对于右等待程序，通常以一条与入航航道成 70°夹角的直线和入航航道将进入等待航线的区域分成图 5-17 所示的三个扇区：Ⅰ区、Ⅱ区和Ⅲ区。

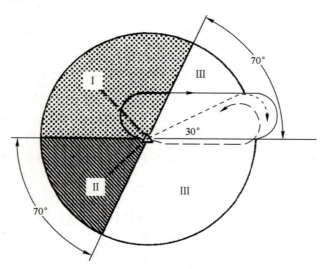

图 5-17　等待程序的进入扇区

Ⅰ区为平行进入扇区，航空器到达等待定位点，首先转到与出航航向一致的航向上平行飞行规定的时间或距离，然后以与等待转弯方向相反的转弯切入入航航道，飞向等待定位点，第二次飞越等待定位点时，进入等待程序，开始执行等待；Ⅱ区为偏置进入扇区，航空器到达等待定位点，首先转到与入航航道成 30°夹角的偏置出航航迹上飞行规定的时间或距离，然后转弯切入入航航道，第二次飞越等待定位点时，进入等待程序，开始执行等待；Ⅲ区为直接进入扇区，航空器到达等待定位点，直接进入等待程序，开始执行等待。

等待程序进入示例如下。

如图 5-18 所示，以高要 VOR/DME 台'GYA'为等待点的等待航线是一个右等待航线，航空器沿 R474 航路飞向'GYA'VOR/DME 的方向是该等待程序的入航边，画一条与入航边成 70°角的线，则将该等待程序的进入区域分成Ⅰ区、Ⅱ区和Ⅲ区。航空器沿 R474 的 85°航线角、A599 的 105°航线角、B330 的 138°航线角飞向高要 VOR/DME，加入等待程序的方式都是直接进入，而航空器沿 B330 航线的 267°航线角飞向'GYA'VOR/DME 的方式是平行进入。

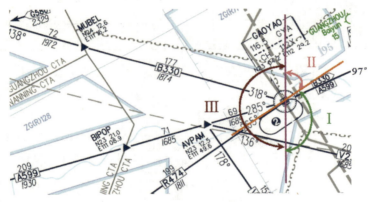

图 5-18　等待程序进入示例

5.1.6　空域

空域是一定时间内可为空中交通工具在其中完成空间作业提供服务的一定范围的空气空间，是具有国家属性的一种资源，空域具有大小、形状和结构，并且依据空域内运行的不同限制和服务，空域分为管制空域和非管制空域。在航图上描述的空域类型还包括飞行情报区、管制区及终端管制区。飞行情报区是指为提供飞航情报服务和告警服务而划定范围的空间，为了便于对在中国境内和经国际民航组织批准由我国管理的境外空域内飞行的航空器提供飞行情报服务，全国共划分沈阳、北京、上海、广州、武汉、三亚、昆明、兰州、乌鲁木齐、香港和台北 11 个飞行情报区。管制区是指从地球表面上某一规定界限向上延伸的管制空域。终端管制区通常是指在一个或几个机场附近的航路汇合处划设的便于进场和离场航空器飞行的管制空域。

1．航路图上的空域信息

航路图上描述的空域信息是指各种飞行情报区和管制区及终端管制区的名称、空间范围及提供服务的单位、服务频率等，以便飞行人员掌握这些资料，保证飞行的安全。空域边界的表示方法见表 5-5。图 5-19 中描述了空域的边界、空域的名称及通信频率列表，图 5-19 中描述了贵阳管制区各管制扇区的通信频率列表，1 号扇区的主用频率为 120.7 MHz，备用频率 122.2 MHz，并给出了高频通信频率，其中 10 066 kHz 的工作时间为 00:01—12:00，3 491 kHz 的工作时间为 12:01—24:00。

表 5-5 空域边界表示方法

飞行情报区边界	上海情报区 / 武汉情报区
未定情报区边界	
管制区边界	成都管制区 / 贵阳管制区
进近管制区边界	天津进近
扇区边界	
防空识别区边界	东海防空识别区

图 5-19 航路图上的空域信息

2. 限制性空域

禁区、限制区和危险区这些限制区域会影响到航路的设置及飞行的安全。这些限制性空域的描述方法和离场图相似。如图 5-20 所示，ZB(D)002 中的 ZB 代表北京情报区，D 代表限制性空域的类型为危险区，002 是代表北京情报区内的第 2 号危险区。

第 5 章 航路图及区域图

图 5-20 限制性空域

航路图上会给出限制性空域数据表，描述禁区、限制区和危险区的垂直范围及活动时间。如图 5-21 所示，北京第 2 号危险区的垂直范围为地面到 30 000 m，有活动的时间为全天 24 小时。

航路图上除了以上内容外，还包括：以千米（km）和海里（NM）为单位，绘制的公制和英制两种制式的图解比例尺、出版单位、投影方法及本图中磁差采用的年份等内容。如图 5-22 所示，制图单位：中国民用航空局；投影方式：等角正割圆锥投影，标准纬线 24°和 40°，采用的磁差为 2010 年的磁差值。

图 5-21 限制性空域数据

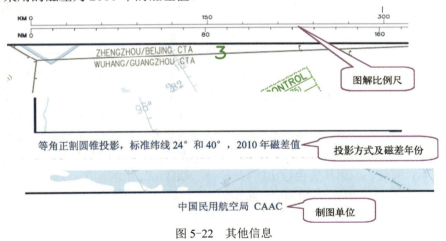

图 5-22 其他信息

5.2 航路图制图标准

5.2.1 分幅原则和图幅编号

1. 分幅原则

航路图应根据需要进行分幅。在保证航路图可读性的前提下，应尽量减少图幅数量；应根据航线走向，按尽量减少飞行人员在飞行过程中使用图幅数的原则，确定分幅方案；图幅大小应以方便飞行人员在航空器驾驶舱中的使用为基本原则，综合考虑印刷纸张的大小来确定；相邻图幅应有 2 cm 以上的接边资料重叠。

2. 图幅编号

图幅编号方式如下：
- 航路图系列用英文字母"ERC"后接数字进行编号，如："ERC 1"表示第一幅航路图。
- 高空航路图系列用英文字母"ERC H"后接数字进行编号，如："ERC H1"表示高空第一幅图。
- 低空航路图系列用英文字母"ERC L"后接数字进行编号，如："ERC L1"表示低空第一幅图。
- 高/低空航路图系列用英文字母"ERC H/L"后接数字进行编号，如："ERC H/L1"表示高/低空第一幅图。

3. 比例尺

航路图通常采用1∶2 000 000至1∶5 000 000比例尺绘制。同一系列的航路图应尽量采用相同的比例尺绘制。

5.2.2 编绘准备工作

应根据编图目的及范围收集以下资料：1∶1 000 000至1∶2 000 000地形图、机场资料、导航设施资料、航路资料、通信资料、空中交通服务资料、限制空域资料、国境线资料和地磁资料等。

5.2.3 底图编绘

（1）经纬网络：根据所选比例尺和分幅方法，计算并绘出图幅内所有偶数经线和偶数纬线。在4°的整数倍数经、纬线上，每1°绘一长刻划；每30′绘一中刻划；每5′绘一短刻划。图中的每一条经线和纬线两端应标注经度、纬度值。如果经线和纬线较长，应在中间适当位置加注经度、纬度值。在每一个经纬网络内，应计算并标注网络内的最低安全高度。最低安全高度数值的千位用大号字，百位和十位用小号字，个位不表示。例如，"270"表示2 700 m。

（2）水系：河流，应用淡蓝色绘出实际长度在500 km以上的河流；湖泊、水库，应用淡蓝色绘出图上面积大于20 mm^{2}的湖泊、水库。

（3）国境线：应按照2.2.4节国境线的要求绘出。

（4）等磁差线：应绘出磁差值为整数的等磁差线。

5.2.4 航空要素

（1）机场：机场应根据其坐标（机场基准点坐标）准确地标绘在航路图中。不同类型的机场所使用的符号应有所不同。应注明机场所在城市的名称、机场名称和机场标高，机场标高以米（m）为单位，四舍五入进至整数。

（2）无线电导航设施：应在图中绘出制图范围内供航路使用的无线电导航设施；应注明所有标绘在图中的导航设备的名称、频率、识别、莫尔斯电码、地理坐标；如果有使用高度限制，还应注明使用高度；无线电导航设施的地理坐标至少应精确到0.1′。

（3）位置点：应在航路图中标绘出所有与航路有关、用于航空器定位的位置点。位置点应根据类型分别用不同的符号进行标绘。所有标绘的位置点应注明名称、地理坐标和相关注记；位置点的地理坐标应精确到 0.1′。

（4）航路和航线：应在图中用粗实线标绘出制图范围内的所有航路、航线，并标注其识别代码；应注明航路、航线的磁航线角；应注明航路、航线的航段距离；应标注每一段航路、航线的最低安全高度；对于距离较短、无法在航线上标注数据的航段，可采用数据框的形式注记有关数据。

（5）空中交通服务区域：飞行情报区、管制区、管制扇区、终端区等区域应使用不同的线状符号标绘出边界，并在边界线内侧注明区域的类型和名称；应在区域内的适当位置，以注记框的形式标注联系频率及使用时间。

（6）限制空域：应用浅色调线状符号描绘出制图范围内的所有限制空域边界范围，并标注其所在情报区二字代码、编号、高度下限和上限、限制时间；当同一个限制空域内不同的位置高度限制有所不同时，应使用虚线表示高度规定的界限，并分别注明其高度。

5.2.5　封面封底

应在封面上方中间位置标注图名，在封面顶部的两侧分别注明正、反两面航图的图幅编号，在图名的下方用简练的语言提供本次修订数据、资料变更情况的摘要，在修订数据的下方绘制索引图。索引图中应标明本图幅及同系列其他航路图的地理位置和相互间的位置关系，在封面上说明本图所使用的地图投影、出版日期和生效日期，在正图顶部图框外绘制以千米（km）和海里（NM）为单位的线段比例尺，在封底给出图中涉及的符号及其注释。

5.3　区域图

5.3.1　区域图应用

由于各地区的经济发展不平衡，使得空中交通流量分布不均衡，某些繁忙机场附近的空中交通服务航路或位置报告点的信息非常繁多，无法在航路图上清楚地描绘出来，在这种情况下会提供这些繁忙机场附近的区域图。比如，目前我国提供的区域图有北京区域图、上海区域图（含上海和杭州）、广州区域图（含广州和珠海）及成都区域图。区域图可以看做航路图的局部放大，每幅图的覆盖范围会延伸到有效地表示离场和进场路线的一切点。本部分以 AIP 中的区域图为例进行说明。

在航路图的封面索引图中使用阴影区表示该部分有区域图，如图 5-23 所示。在航路图上用一条粗虚线描述区域图的覆盖范围，如图 5-24 所示。在上海杭州附近有一张局部放大了的图，即上海杭州区域图，如图 5-25（请扫描本章二维码）所示。该区域图的图边信息中描述了该图的名称、覆盖的主要城市、出版时间、生效时间及出版单位。在 NAIP 中的区域图会有一个图幅编号，以"机场四字地名代码-数字"进行编号，如上海区域图的图幅编号为 ZSSS-1。

区域图作为航路图的局部放大，采用了比航路图更大的比例尺，但因每一张区域图覆盖的范围不同，国际民航组织没有为区域图规定统一的比例尺，一般采用 1∶250 000 至 1∶2 000 000 比例尺，在图中使用线段比例尺描绘，图 5-25（请扫描本章二维码）中的比例尺为 1∶1 000 000，被放大的那张航路图（即图 5-24 所在的航路图）的比例尺为 1∶3 000 000。因为区域图采用了更大的比例尺,在区域图中经纬网要比航路图中密集,采用 1° 的经纬度网格。区域图上描述的航图要素和航路图基本相同,也采用相同的描述方法,在航路图上 A599 航路从南浔 VOR/DME 'NXD' 至九亭 VOR/DME 'JTN' 的航段中只描述了航路代号,对于该航段的航线角、航段里程、航路最低飞行高度以及南浔 VOR/DME 台和九亭 VOR/DME 的具体信息都没有给出,而这些信息是进行航路飞行必备的信息,这些具体信息描绘在区域图中,如图 5-25(请扫描本章二维码)所示。

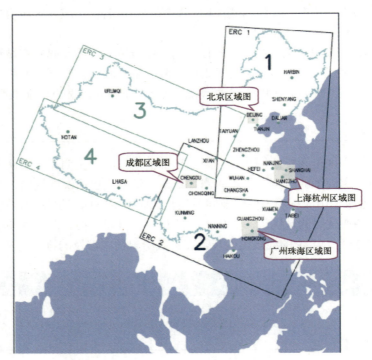

图 5-23　AIP 航路封面索引图中的区域图符号

图 5-24　AIP 航路图上的上海/杭州区域图覆盖范围

5.3.2 制图标准

区域图作为航路图的局部放大,其制图标准大部分和航路图相同,不同的部分如下。

1. 分幅与图幅编号

区域图的覆盖范围视所在区域制图要素的复杂程度而定,应延伸达到有效地标出进离场航线。区域图的编号由制图区域内的主要机场四字代码加数字和(或)英文字母组成,格式为:XXXX-XX。

2. 制图比例尺

区域图通常采用 1∶250 000 至 1∶2 000 000 比例尺,应在有效图面上标出线段比例尺。

3. 编绘准备工作

根据编图目的及范围收集以下资料:1∶250 000 至 1∶2 000 000 地形图、机场资料、导航设施资料、航路资料、通信资料、空中交通服务资料、限制空域资料、国境线资料和地磁资料等。以航路图资料为基础,对各要素的分布情况及它们之间的互相联系进行分析比较、综合研究,查明航空要素的分布情况,确定制图的范围和比例尺。当区域图不能作为插图放入航路图内时,应单独绘制出版。

4. 经纬网格

根据所选比例尺和分幅方法,计算并绘出图幅内所有整度数经线和纬线。在经线、纬线上分别标绘纬度、经度刻划:每 30′ 绘一长刻划;每 10′ 绘一中刻划;每 2′ 绘一短刻划,并按 1° 分格进行注记。

思考题

1. 请简述等待程序的几个要素。
2. 请简述定义航段需要的要素。
3. 航路图的主要航行要素有哪些?
4. 如何判断左等待程序的进入方式?

第 6 章 标准仪表进场图

标准仪表进场图（STAR）向机组提供从航路阶段过渡到进近阶段的资料，使其能够遵守规定的标准仪表进场航线飞行。进场航线开始于脱离航路飞行的点，终止于起始进近定位点（Initial Approach Fix，IAF），可以认为进场程序是航路飞行和进近程序的过渡。

6.1 图幅布局及航图要素

6.1.1 图幅布局

如图 6-1 所示，进场图主要包括标题、平面图、备注和图边注记 3 个部分构成。

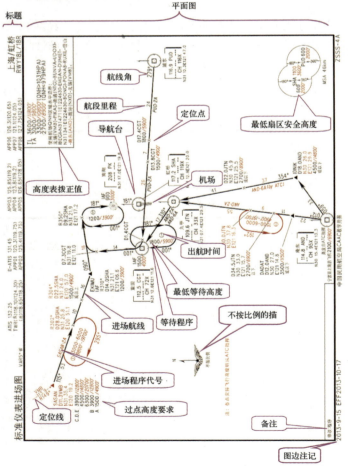

图 6-1　上海/虹桥机场 18L/18R 进场图

6.1.2 标题、备注和图边注记

1. 标题

进场图的标题中从左至右依次包含航图名称、磁差信息、通信频率列表、机场所在地名称、机场名称及适用的跑道号，如图6-2所示。

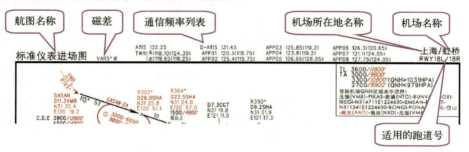

图6-2 标题栏

在进场图的通信频率列表中一般会给出飞行员在进场过程中用到的通信频率，在不同机场的进场图中给出的通信频率可能会不同，一般会包括自动终端情报服务（ATIS）的频率、进近（APP）的频率和塔台（TWR）的频率。进场图通信频率的表述方法同离场图通信频率的表述方法相同。

2. 备注和图边注记

在图框的下方会标注出版时间、生效时间、出版单位和图幅编号。如图6-3所示，该图的出版日期2013年9月15日，生效日期2013年10月17日，出版当局为中国民用航空局，图幅编号为ZSSS-4A，进场图的图幅编号由机场四字地名代码加一位数字和一个英文字母组成，标准仪表进场图的数字为4，字母一般跑道号较小的进场图使用字母A，跑道号较大的进场图使用字母B。

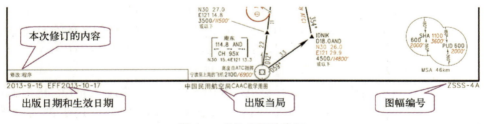

图6-3 备注和图边注记

6.1.3 平面图

标准仪表进场图的覆盖范围要求能清楚表示航路终点至起始进近定位点的各航段情况。因为不同机场进场航线的分布情况、机场和有关导航台的地理位置不同，因此根据不同机场的具体情况，比例尺的选用会不同，但是进场图一般不按比例尺绘制，如果不按比例尺绘制，会在图中注明"不按比例"，如图6-1所示。如果按一定的比例尺绘制，图会给出线段比例尺。

进场图的平面图中主要给出每条进场程序名称、飞行航迹、高度、爬升梯度等信息，同时还给出了有关的速度限制、空域限制等限制条件。本节将从进场程序的命名、机场、导航台、定位点、飞行航迹、限制条件等方面进行介绍。

1. 进场程序命名

进场程序开始于航路终止点，即从该点起航空器结束航路阶段的飞行，开始进场阶段的飞行。进场程序的命名有两种方式，通常以进场程序开始的航路点或导航台的识别标志加上数字编号及英文字母"A"来表示。例如，AND-2A。其中，'AND'表示该进场程序的起始点，在这个点之后航空器就结束航路飞行；"A"表示 Arrival，即这是一条进场程序；数字 2 表示进场程序的编号。在一些较小的机场采用以英文字母"A"加数字编号的形式作为进场程序的名称，如 A-01、A-02。

2. 机场

在平面图中，着陆机场以跑道轮廓表示，跑道轮廓不按比例尺绘制，但跑道轮廓可以显示跑道方向，如图 6-1 所示。如果进场图的图幅范围内存在影响图中进场航线的机场，机场会以第 4 章表 4-1 中的符号标注。

3. 平面图中的其他航图要素

进场图平面图中的导航台、定位点、飞行航迹、高度、速度限制、空域限制、高度表拨正值、最低扇区高度等航图要素的描述方法和离场图相似，如图 6-1 中所示。进场图中还会描述等待程序，等待程序各要素的描述方法及加入等待程序的方法和航路图中等待程序相似，只有出航时间的描述方法不太相同，进场程序中等待程序的出航时间以"①"表示出航时间 1 min，如图 6-1 所示。

6.2 进场图图例

6.2.1 采用传统导航方式

飞行员在做进场准备时，首先掌握进场图中的关键信息，确定自己的航空器能够遵照标准仪表进场图（Standard Instrument Arrival，STAR）STAR 所公布的要求和限制进行飞行。如图 6-4 所示，宁波/栎社机场 13 号跑道的传统进场程序图，如果选择使用 HSN-3A 程序进场，该进场图中用数字标注的内容为该进场图的关键信息。

标注 1 进场过程中会使用到的通信频率。其中，机场通播的频率为 126.45 MHz；塔台的主用频率为 118.35 MHz，备用频率 118.7 MHz 和 130.0 MHz；进近的主用频率为 125.45 MHz，备用频率为 119.55 MHz。

标注 2 过渡高度和过渡高度层。其中，当 QNH≤1 031 hPa，过渡高度为 2 700 m；当 QNH≥1 031 hPa，过渡高度为 3 300 m；当 979 hPa<QNH<1 031 hPa，过渡高度为 3 000 m。过渡高度层为 3 600 m。

标注 3 使用该进场图的注意事项。起始进近的最大指示空速为 380 km/h，等待程序的最大指示空速为 400 km/h。

标注 4 最低扇区高度。扇区划分以栎社 NDB 台/BK/227 kHz 为中心，以 90°方位线和 320°方位线分成两个扇区，其中一个扇区的最低安全高度为 1 400 m，另一个扇区的最低安全高度为 1 650 m。

第 6 章　标准仪表进场图

标注 5　程序名称。程序名为 HSN-3A，其中 by ATC 是指该程序的使用必须获得 ATC 的许可。

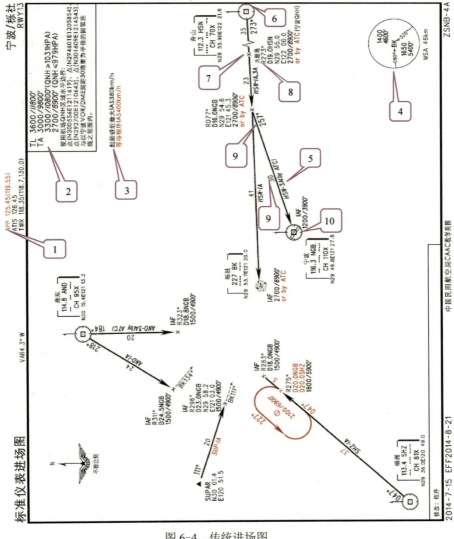

图 6-4　传统进场图

标注 6　进场程序的起始点。进场程序 HSN-3A 的起始点为舟山 VOR/DME 台/HSN/112.3MHz/70X。

标注 7　高度限制。过定位点高度要求 2 700 m/8 900 ft 或由 ATC 指定。

标注 8　定位信息。该定位点由舟山 VOR/DME 双台定位，该定位点在舟山'HSN'台的 273°径向线，距'HSN'DME 台的 DME 距离为 19.0 NM。

标注 9　进场航线信息。由定位点'R077°D16.0NGB'至宁波 VOR/DME 台的航线角为 257°，航段里程为 30 km。

标注 10　起始进近定位点（IAF）。名称为宁波 VOR/DME 台，识别标志 NGB，频率 116.3 MHz，波道 CH 110X，航空器在该点的高度为 1 200 m/3 900 ft。

假设航空器沿进场程序 HSN-3A 进场，该进场程序的实施方法为：在 VOR 导航控制盒上调谐舟山 VOR 台/HSN 的频率 112.3 MHz，沿着 HSN 的 273°径向线，飞至距 HSN 的 DME 距离 19.0 NM 的定位点，航空器在该点的程序高度应为 2 700 m/8 900 ft（或由 ATC 指定），在 VOR 导航控制盒上调谐宁波 VOR 台/NGB 的频率 116.3 MHz，继续沿 273°径向线飞行至一定位点，该定位点在 NGB 台的 77°径向线上，距 NGB 台的 DME 距离 16.0 NM，航空器在该点的程序高度应为 2 700 m/8 900 ft（或由 ATC 指定），在该点左转沿 NGB 的 77°径向线进行向台飞行，直至 NGB 台的上空，在 NGB 台上的程序高度为 1 200 m/3 900 ft。

在从定位点 'R273°D19.0HSN' 至 VOR 台 NGB 的过程中，根据航空器在这两个点上的高度限制、航段里程及 ATC 指令（如果高度限制由管制员给出），飞行员应预先做出下降计划。下降计划可以按两种方式执行，第一种方式是根据航段两端的高度差及航段里程，由 FMC 计算下降率，确定下降顶点并保持该下降率下降高度；第二种方式是采用飞行员指定下降率和下降顶点的方式下降。采用第二种方式时应选择合适的下降率，如果指定的下降率过大，会超出航空器下降性能极限，而下降率过小则会导致到达前方航路点时的高度过高。

6.2.2　采用 PBN 导航方式

PBN 进场程序一般采用的导航规范有两种：RNAV1 和基本 RNP1。如图 6-5 所示，宁波/栎社机场 13 号跑道的 PBN 进场程序图采用的导航规范为基本 RNP1，假设采用 HSN-53F 进场程序进场，则图中的标注为进场图的关键信息。

标注 1　进场程序类型。表明该进场程序为 RNAV 进场。

标注 2　进场程序导航规范和导航源。进场程序的导航规范为基本 RNP 1，导航源为全球卫星导航系统 GNSS。

标注 3　进场过程中会使用到的通信频率。其中，机场通播的频率为 126.45 MHz；塔台的主用频率为 118.35 MHz，备用频率为 118.7 MHz 和 130.0 MHz；进近的主用频率为 125.45 MHz，备用频率为 119.55 MHz。

标注 4　过渡高度和过渡高度层。其中，当 QNH≤979 hPa，过渡高度为 2 700 m；当 QNH≥1 031 hPa，过渡高度为 3 300 m；当 979 hPa<QNH<1 031 hPa，过渡高度为 3 000 m。过渡高度层为 3 600 m。

标注 5　最低扇区高度。扇区划分以栎社 NDB 台/BK/227 kHz 为中心，以 90°方位线和 320°方位线分成两个扇区，其中一个扇区的最低安全高度为 1 400 m，另一个扇区的最低安全高度为 1 650 m。

标注 6　使用该进场图的注意事项。起始进近的最大指示空速为 380 km/h，等待程序的最大指示空速为 400 km/h。在各点的实际飞行高度听从 ATC 指挥，NB108 在等待程序中为飞越航路点。

标注 7　程序名称。程序名为 HSN-53F，其中 by ATC 是指该程序的使用必须获得 ATC 的许可。

标注 8　航路点。包括航路点符号、名称及过定位点高度要求，航路点的符号表示该航路点为旁切航路点，名称 NB302，过定位点高度为 2 700 m/8 900 ft。

标注 9　进场航线信息，由航路点 NB209 至宁波 VOR 台的航线角为 254°，航段里程为 25 km。

标注 10　高度限制。要求航空器在航路点 NB109 的最低高度为 1 800 m/5 900 ft。

第 6 章 标准仪表进场图

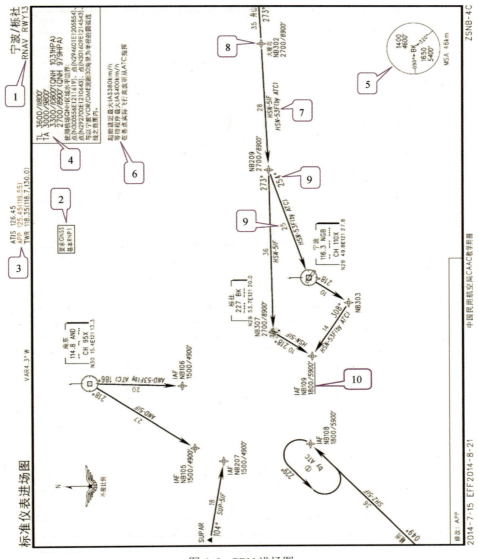

图 6-5 PBN 进场图

假设航空器沿进场程序 HSN-53F 进场，该进场程序的实施方法为：航空器从舟山 VOR/DME 台'HSN'沿 273°航线角飞行 35 km 飞向点 NB302，并要求航空器在该点的程序高度为 2 700 m/8 900 ft，然后继续沿 273°航线角飞行 28 km 至航路点 NB209，航空器在该点的程序高度为 2 700 m/8 900 ft，左转沿航线角 254°飞行 25 km 至宁波 VOR/DME 台'NGB'，继续左转沿 218°航线角飞行 10 km 至 NB303，右转沿 308°航线角飞行至航路点 NB109。NB109 为起始进近定位点，从该点开始航空器将开始进入进近飞行阶段，航空器在该点的最低高度要求为 1 800 m/5 900 ft。在从航路点 NB209 至 NB109 的过程中，根据航空器在这两个点上的高度限制、航段里程及 ATC 指令（如果高度限制由管制员给出），飞行员应预先做出下降计划，下降计划可以根据航段两端的高度差及航段里程，由 FMC 计算下降率，确定下降顶点并保持该下降率下降高度。各航路点的坐标参见图 4-27，各航段的航径终止码如图 6-6 所示。

航径描述	定位点标识	是否飞越点	磁航向(°)	转弯指示	高度(m)	速度限制(km/h)	VPA/TCH	导航性能
RWY13 进场 AND-51F								
IF	AND							RNP1
TF	NB105				1 500	MAX380		RNP1
TF	NB104				1 000			RNP1
RWY13 进场 AND-53F(by ATC)								
IF	AND							RNP1
TF	NB106				1 500	MAX380		RNP1
TF	NB104				1 000			RNP1
RWY13 进场 HSN-51F								
IF	HSN							RNP1
TF	NB302				2 700			RNP1
TF	NB209				2 700			RNP1
TF	NB307				2 700			RNP1
TF	NB109				1 800	MAX380		RNP1
TF	NB107				1 500			RNP1
TF	NB104				1 000			RNP1
RWY13 进场 HSN-53F(by ATC)								
IF	HSN							RNP1
TF	NB302				2 700			RNP1
TF	NB209				2 700			RNP1
TF	NGB				by ATC			RNP1
TF	NB303				by ATC			RNP1
TF	NB109				1 800	MAX380		RNP1
TF	NB107				1 500			RNP1
TF	NB104				1 000			RNP1
RWY13 进场 SHZ-51F								
IF	SHZ							RNP1
TF	NB108				1 800	MAX380		RNP1
TF	NB107				1 500			RNP1
TF	NB104				1 000			RNP1
RWY13 进场 SUP-51F								
IF	SUPAR							RNP1
TF	NB207				1 500	MAX380		RNP1
TF	NB104				1 000			RNP1

修改：新图

（进场程序 HSN-53F 的航径终止码）

2013-7-15 EFF2013-8-22　　　　中国民用航空局 CAAC　　　　ZSNB-4J

图 6-6　宁波/栎社进场程序航径终止码

6.3　制图标准

6.3.1　编绘准备工作

1. 资料收集

根据编图目的及范围收集 1∶500 000 和 1∶1 000 000 地形图、经批准的仪表飞行程序设计原图和设计报告、机场资料（机场基准点坐标，跑道数据）、通信资料、导航设备资料和限制空域资料等。

2. 制图区域

以制图资料为基础，从制图区域的全局出发，对各要素的分布情况及它们之间的相互联系进行分析比较、综合研究，查明航空要素的分布情况，确定制图比例尺和所使用的资料；确定机场、航路、通信和导航设备资料的使用程度和范围；确定补充资料的增补内容和增补方法。根据仪表进场程序的范围确定是否按比例尺制图或使用比例尺制图。

6.3.2 制图比例尺及底图编绘

1. 制图比例尺

标准仪表进场图的覆盖范围应能清楚地表示航路终点至起始进近定位点的各航段情况。按比例尺绘制，其比例尺应根据进场航线所涉及的范围及图幅尺寸确定。通常采用 1∶1 000 000 比例尺或 1∶500 000 比例尺。应在图中适当的位置绘出线段比例尺。不按比例尺绘制时，应在图中适当的位置标明"NOT TO SCALE"（不按比例尺），但各个进场航线的方位应与实际基本相同。改变比例尺绘制时，因制图的图幅太小，部分方向的航迹不按比例尺绘制，应在该航迹上和航图的其他方向使用比例中断符号。当起始进近定位点附近图素过于拥挤时，拥挤部分可放大比例尺，图素之间的相对关系不变。

2. 底图编绘

（1）经纬网络。

按比例尺绘制时，首先应标绘经纬网络。应根据进场航线的分布情况，以及机场和有关导航台的地理位置确定所需绘制的经纬网络的间隔。所有经纬网络均应在图框边标注其经纬度数值。

（2）障碍物。

按比例尺绘制时，图中应标绘对飞行有重要影响的障碍物。

（3）国境线。

应按照 2.2.4 节国境线的要求绘出。

6.3.3 航空要素

跑道：着陆机场的所有跑道均应按跑道图形绘出。制图范围内的其他机场的跑道也应绘出其轮廓，但使用的符号应与着陆机场跑道有明显区别。如果跑道长度按比例尺绘制，跑道宽度可适当放大。

无线电导航设施：在图中绘出为进场程序（含等待程序）提供航迹引导的导航设施；应注明无线电导航设施的名称、频率、识别、莫尔斯电码、地理坐标，如果有使用限制还应注记说明；无线导航设施和定位点的地理坐标注记精度不应大于 0.1′；测距台的 DME 距离精度应精确到 0.1 NM。

航迹：航迹、方位和径向方位应以磁北为基准。图中应用线状符号描绘航迹线，并注明机场航线代号，应在所有航迹线的直线航段起始位置注明飞行的磁航迹。如果进场程序中某些航段对航空器的类型有所限制，则应注明可以使用的航空器类型。应在图中明确地标注航线段中定位点对航空器飞行高度的限制。等待航线应注明出航限制和最低等待高度。所有航线段均应注明飞行距离。进场程序中，使用雷达引导航空器飞行的航线段应使用雷达引导航线符号。

定位点：定位点应使用与其类型相一致的符号表示，并注明定位点名称。采用交叉定位方法确定其位置的定位点，应标明所使用的导航台的识别，以及定位点与导航台的方位关系或距离。使用区域导航方法设计的程序，其航路点还应注明地理坐标。

限制空域：应描绘出制图范围内的所有限制空域的范围，并注明其代码、高度下限和上限、限制时间。当同一个限制空域内不同的位置高度限制有所不同时，应使用虚线表示高度规定的界限，并注明其高度。

最低扇区高度：图中应标注最低扇区高度。应在图中注明扇区中心导航台的识别，并表示出扇区的起始和结束方位，同时标注沿该方位线向台飞行时的磁航向。应注明每一个扇区的最低安全高度。

过渡高度和过渡高度层：图中应标绘使用机场修正海平面气压（QNH）的水平区域边界，并注明过渡高度和过渡高度层。

磁差：图上应注明磁差。

6.3.4 其他

（1）进场程序文字说明。

对于较复杂的进场程序，应在图中空白处以文字描述程序及有关限制。

（2）本次修订的资料变化摘要。

为了方便用户的使用，应用简练的语言提供本次修订数据、资料变更情况的摘要。

（3）图框外注记。

图名：用加粗字体注记图名。

无线电通信频率：用表格方式注记进场、进近、复飞和等待飞行过程中，以及飞行员可能使用的无线电通信频率。

地名和机场名：用加粗字体注记机场所在城市的名称和机场的名称。例如，北京/首都。

跑道号：应注记着陆跑道的跑道编号。例如，跑道 18 L。

出版单位：应注明图的出版单位。

出版日期和生效日期：应注明出版日期和生效日期。

图幅编号：应注明图幅编号。

思考题

1. 请简述进场程序的命名方法。
2. 参照图 6-1 描述 AND-6A 的进场过程。
3. 参照图 6-1 描述进场程序 AND-6A 中等待程序的几个关键要素。
4. 图 6-5 中的进场程序可以采用 DME/DME/IRU 作为导航源吗？为什么？

第 7 章　仪表进近图

仪表进近图是仪表进近程序和复飞程序的直观描述，仪表进近程序是根据机载飞行仪表及地面导航设备的引导而对障碍物保持规定的超障余度所进行的一系列预定的机动飞行。这种机动飞行是从起始进近定位点或从规定的进场航路开始，直至能够完成着陆为止；如果不能完成着陆，则开始进行复飞，加入等待或重新开始航路飞行。仪表进近程序包括起始进近航段、中间进近航段、最后进近航段、复飞航段及相关的等待航线，进近程序的结构如图 7-1 所示。

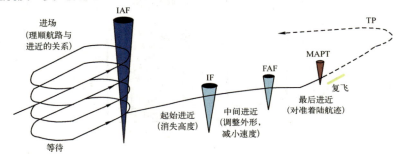

图 7-1　进近程序的结构

起始进近航段由起始进近定位点（IAF）开始，至中间进近定位点（Intermediate Approach Fix，IF）结束，主要用于航空器消失高度，并通过一定的机动飞行，完成对准中间进近航迹；中间进近航段位于中间进近定位点（IF）和最后进近定位点（Final Approach Fix，FAF）/最后进近点（Final Approach Point，FAP）之间，主要用于调整航空器的外形，减小飞行速度、少量消失高度，调整好航空器的位置，为最后进近做好准备；最后进近航段是完成航迹对准和下降着陆的航段，其仪表飞行部分是从最后进近定位点（FAF）/最后进近点（FAP）开始，至建立目视飞行或复飞点（Missed Approach Point，MAPt）结束。

《国际民用航空公约》附件 4 中要求凡建立了仪表进近程序的机场都必须为每一条着陆跑道单独设计仪表进近程序和单独绘制仪表进近图，并且此程序经试飞成功、证实设备良好、数据准确方可正式出版。在实施仪表进近之前，飞行员必须完整地预览仪表进近程序，世界各国的民用航空主管部门都将进近图预览推荐作为驾驶舱标准操作程序之一，通过进近图预览明确进近程序和复飞程序的执行方法。同时进近图也是进近管制、塔台管制指挥中心及航空公司签派放行中必不可少的一种航行资料。

7.1　图幅布局及航图要素

7.1.1　图幅布局

仪表进近图一般用彩色印刷，使用蓝色表示水系，使用绿色表示区域最低高度，使用灰色表示地形、地物等底图要素,使用黑色表示航行要素。本图的图幅范围一定要充分包括仪表进近程序的各个阶段及预定的进近方式可能需要的附加区域。仪表进近图分为平面图、剖面图、机场着陆最低标准和附加资料四个部分,如图 7-2 所示。

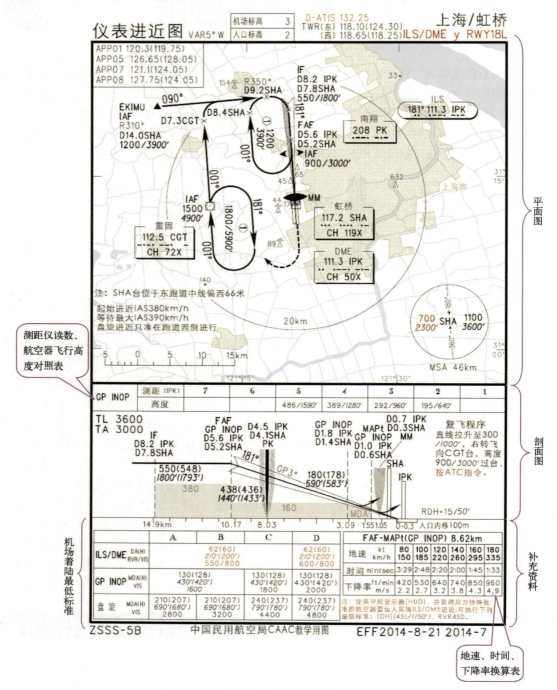

图 7-2 仪表进近图

7.1.2 标题栏、备注和图边注记

1. 标题栏

进近图的标题栏中从左至右依次包含航图名称、磁差信息、机场标高和跑道入口标高、通信频率列表、机场所在地名称、机场名称、进近程序标识及适用的跑道号，如图 7-3 所示。

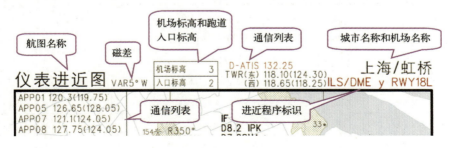

图 7-3　标题栏

与进离场图不同的是，在进近图的标题栏中会给出机场标高、用于着陆的跑道入口标高及进近程序名称。机场标高、用于着陆的跑道入口标高使用米制和英制两种单位公布。如图 7-3 所示，上海/虹桥机场的机场标高为 3 m，18 L 跑道入口标高为 2 m。进近程序标识采用提供最后进近航迹引导的导航设施来命名，图 7-3 中 ILS/DME 表示在该图描述的进近程序中，给最后进近阶段提供航迹引导的导航设施为仪表着陆系统（Instrument Landing System，ILS）和 DME 台，并且需要时在程序标识前附加对导航设备的要求，如图 7-4 所示。

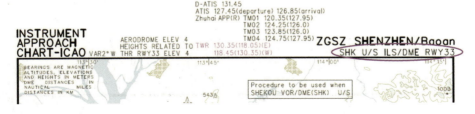

图 7-4　附加导航设备要求的程序名称

根据仪表进近程序最后进近阶段所使用的导航设备及其精度，可分为精密进近程序、类精密进近程序和非精密进近程序。其中，精密进近（PA）是指使用精确方位和垂直引导，并根据不同的运行类型规定相应最低标准的仪表进近，如 ILS 进近、微波着陆系统进近（Microwave Landing System，MLS）、（GBAS Landing System，GLS）进近。类精密进近（APV）是指有方位引导和垂直引导，但不满足建立精密进近和着陆运行要求的仪表进近，如 RNP APCH 程序、RNP AR 程序。非精密进近（NPA）指有方位引导，但没有垂直引导的仪表进近，如 VOR 进近、NDB 进近、航向台（LOC，Localizer）进近。通常一张仪表进近图中只描述一种进近类别的进近程序，如 VOR/DME 进近图中所有的进近程序都是 VOR/DME 进近。但也有例外，如 ILS 进近程序图中除了描述 ILS 进近，还会同时描述下滑台（Glide Path，GP）不工作的进近程序。如图 7-2 所示，图中不仅描述了 ILS 正常工作的进近程序，同时也描述了下滑台不工作时的进近程序，但程序命名中使用 ILS/DME。

上述各种不同类型的进近程序都会采用相应的名称在标题栏中进行标识，在我国出版的

航图中常用的进近程序标识及其含义见表 7-1。

表 7-1 常用的进近程序标识及其含义

程序标识	含　　义	备　注
NDB RWY 02L	在最后进近阶段使用的导航设备为 NDB 台	参见图 7-5
NDB/DME RWY18	在最后进近阶段使用的导航设备为 NDB 台和 DME 台	
VOR RWY 02L	在最后进近阶段使用的导航设备为 VOR 台	
VOR/DME 02L	在最后进近阶段使用的导航设备为 VOR 台和 DME 台	
ILS RWY 36	在最后进近阶段使用的导航设备为 ILS	参见图 7-6
ILS/DME RWY 36	在最后进近阶段使用的导航设备为 ILS 和 DME 台	参见图 7-7
CAT-Ⅱ ILS RWY02L	Ⅱ类 ILS 进近程序	参见图 7-8
CAT-Ⅰ/Ⅱ ILS RWY36R	Ⅰ类 ILS 进近程序与Ⅱ类 ILS 进近程序航迹完全一致	参见图 7-9
RNAV ILS/DME　RWY08	用于衔接 RNAV 进场，起始进近阶段导航规范为 RNAV1，后接 ILS/DME 进近；或用于衔接 RNP 进场，起始进近阶段导航规范为 RNP1，后接 ILS/DME 进近	参见图 7-10
GNSS(RNAV) RWY13	导航规范为 RNP APCH	参见图 7-11
GNSS(RNP) RWY05	导航规范为 RNP AR	

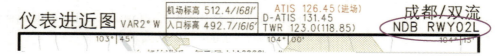

图 7-5 NDB 进近程序名称

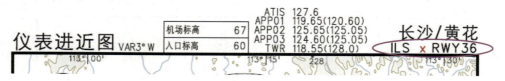

图 7-6 ILS 进近程序名称

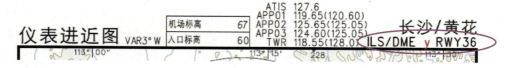

图 7-7 ILS/DME 进近程序名称

图 7-8 ILS Ⅱ类进近程序名称

第 7 章 仪表进近图

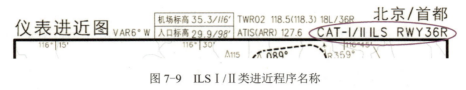

图 7-9　ILS Ⅰ/Ⅱ类进近程序名称

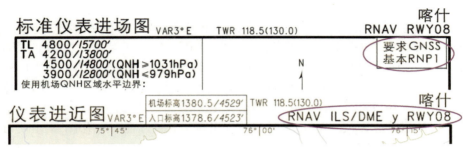

图 7-10　RNAV ILS 进近程序名称

图 7-11　RNP APCH 进近程序名称

如图 7-10 所示，"RNAV ILS/DME y RWY08"表示中间进近定位点之后采用 ILS/DME 进行航迹引导，起始进近阶段的导航规范与进场图保持一致，喀什机场 08 号跑道采用的导航规范为 RNP 1，因此起始进近的导航规范为 RNP 1。

在机载导航数据库规范 ARINC 424 中，对进近程序的识别规定了 6 个位，由字母和数字组成：第 1 位代表进近类型的字母，I 代表 ILS 进近，L 代表 LOC 进近，D 代表 VOR/DME 进近，V 代表 VOR 进近，Q 代表 NDB/DME 进近，R 代表 RNAV 进近，J 代表 GLS 进近；第 2、第 3、第 4 位是跑道号码，如 05L、36R；第 5 位可为字母或数字，用于区分同一跑道有多个相同类型的进近程序；第 6 位是空白。由于某些航空电子系统只能装载一个相同进近类型的进近程序，按照国际民航组织（ICAO）的要求，同一机场同一跑道拥有两个及以上相同标识的进近程序，则应该在标识中增加一个字母后缀加以区分。例如，成都双流机场 02L 跑道公布了两个 ILS/DME 进近程序，因此在标识中增加了一个字母后缀进行区分，以保证两个进近程序都可以编入导航数据库，如图 7-12 所示。

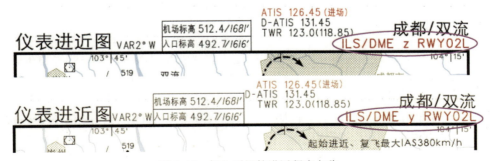

图 7-12　加入后缀的进近程序名称

为了符合 ICAO 的要求，保证所有的进近程序都能编入导航数据库，我国规定对同一机场同一跑道拥有两个以上相同标识的进近程序，在程序标识中增加后缀进行区分；在程序标识中导航设备名称与跑道编号之间增加小写字母后缀，中间留一空格；后缀从字母 z 开始编起，程序标识相同的第一个程序增加后缀 z，下一个程序增加后缀 y，以此类推，如"ILS/DME z RWY02L、ILS/DME y RWY02L"。并将程序中较常用、较重要的程序使用后缀 z，不常用的及备用的程序使用 y、x 等以此类推的后缀。同一条跑道若既有 ILS/DME 程序，又有 ILS 程序，则在程序标识中增加后缀加以区分；同一条跑道若既有 ILS/DME 程序，又有 RNAV ILS/DME 程序，则在程序标识中增加后缀加以区分。比如，广州/白云机场既有 ILS/DME 程序，又有 RNAV ILS/DME 程序，因此需在程序标识中增加后缀，且 01 号跑道大部分情况下使用 RNAV ILS/DME，所以该程序使用后缀 z，即 RNAV ILS/DME z RWY01，而传统 ILS/DME 使用后缀 y，即 ILS/DME y RWY01。对于公布了Ⅱ类 ILS 进近程序的跑道，若Ⅱ类 ILS 进近程序的航迹与Ⅰ类 ILS 进近程序的航迹完全一致，则不增加后缀，若不一致（通常不会出现），则增加后缀进行区分。

2. 备注和图边注记

与进离场图相同，在图框的下方会标注出版时间、生效时间、出版单位和图幅编号。如图 7-13 所示，该图的出版日期 2013 年 9 月 15 日，生效日期 2013 年 10 月 17 日，出版当局为中国民用航空局，图幅编号为 ZSSS-5A。进近图的图幅编号由机场四字地名代码加一位数字组成，如果同一种类别的进近图多于一个，编号后会再增加一个英文字母。标准仪表进近图图幅编号的数字根据进近的类别不同而不同。其中，5 表示 ILS 或 ILS/DME；6 表示 VOR 或 VOR/DME；7 表示 NDB 或 NDB/DME；9 表示 PBN 的进近程序。对于相同类别的进近程序，不同的跑道号使用不同的字母进行标识，一般跑道号较小的进近图使用字母 A，跑道号较大的进近图使用字母 B，以此类推。

图 7-13　备注和图边注记

7.1.3　平面图

平面图提供仪表进近程序各航段的直观描述，主要表示仪表进近程序的平面布局，主要包括导航台信息、空间定位点信息、飞行航迹信息及制图范围内的主要地形。

1. 导航台

仪表进近图中主要描述的导航台包括仪表着陆系统 ILS、VOR 台、DME 台、VOR/DME 台、NDB 台、NDB/DME 台，图例见表 7-2。其中，VOR 台、DME 台、VOR/DME 台、NDB 台、NDB/DME 台在离场图章节中有详细的介绍，本部分将详细介绍仪表着陆系统 ILS，包括其组成和功能。

表 7-2 导航台图例

VOR	⬡	NDB	◎
DME	◻	指点标	⬬
VOR/DME	◇	NDB/指点标	◀◎▶
NDB/DME/指点标	◀◻▶	航向台	▶

仪表着陆系统 ILS 俗称"盲降",因为能在低云、低能见度条件下,甚至飞行员看不到任何目视参考的天气下,引导航空器进近着陆,因此得名"盲降"。仪表着陆系统是航空器进近和着陆引导的国际标准系统,仪表着陆系统(ILS)是在 20 世纪 40 年代末和精密进近雷达(Precision Approach Radar,PAR)几乎同时发展起来的着陆系统。到 20 世纪 60 年代末,它的精度和可靠性都超过了精密进近雷达系统。它是二战后于 1947 年由国际民航组织 ICAO 确认的国际标准着陆设备。全世界的仪表着陆系统都采用 ICAO 的技术性能要求,因此任何配备仪表着陆系统接收设备的航空器在全世界任何装有仪表着陆系统的机场都能得到统一的技术服务。仪表着陆系统通常由航向台、下滑台和指点信标组成,如图 7-14 所示。

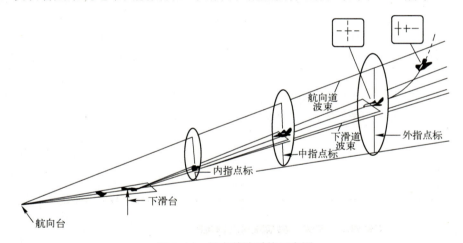

图 7-14 仪表着陆系统示意图

1)航向台(LOC)

航向台由一个甚高频发射机、调制器、分流器及天线阵组成。航向台的天线安装在跑道末端的中心延长线上,通常距跑道末端 400 m 至 500 m。它发射两个等强度的无线电波束,称为航向信标波束,使用的频率为 108.10～111.95 MHz 范围中 1/10 MHz 为奇数的频率,频率间隔为 50 kHz,共有 40 个波道,两个波束分布在沿跑道中线的两侧,使用两种调幅频率,左侧是 90 Hz 调幅,右侧是 150 Hz 调幅。航空器的接收机收到 90 Hz 调幅的电波强于 150 Hz 调幅的电波时,表明航空器在跑道左侧,接收机上 ILS 仪表指针指向右,航空器要向右调整;反之接收机收到 150 Hz 调幅的电波强于 90 Hz 调幅的电波时航空器应向左调整。如果航空器的接收机收到的两个电波强度相等,航空器上的 ILS 仪表指针指在正中,说明航空器飞在跑道中线向上延伸的垂直平面上,航空器可沿着该方向准确地在跑道中线上着陆,如图 7-15 所示。

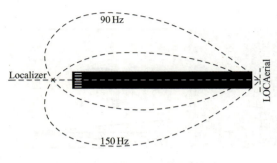

图 7-15　航向信标波束示意图

在 LOC 的有效范围内,飞行员即可根据飞行仪表(HIS、ADI)的指示,使航空器切入航道对准跑道中线飞行。航向信标的覆盖区域应从航向天线阵到下列距离:

① 在前向航道线左右 10°范围内为 46.3 km(25 NM);

② 在前向航道线左右 10°~25°范围内为 31.5 km(17 NM)。

2)下滑台(GP)

下滑台由超高频发射机、调制器和上、下天线等组成。下滑台的天线安装在跑道入口内的一侧,一般距入口 250 m 前后,与跑道中线的横向距离为 150 m 左右。该设备能产生一个与跑道平面成一定角度的下滑面。该下滑面与航向道相结合形成一个下滑道。下滑道在跑道入口处的高称为 ILS 基准高(Reference Datum Height(for ILS),RDH),其数值为 15±3 m(标准 15 m)。

下滑道的下降角度可以为 2.5°~3.5°范围内的一个角度,但最佳下滑角为 3°,正常情况下,均按 3°下滑角安装下滑台。它的工作频率为 329.15~335.00 MHz 的 UHF 波段,频率间隔 150 kHz,共有 40 个波道。下滑台的工作频率和航向台的工作频率是配对工作的,见表 7-3。与航向台的波束相似,下滑道信标波束也是两个强度相等的波束,分布在与地平面成 3°的下滑道的上、下两侧,在下滑道上侧以 90 Hz 调幅,在下滑道下侧以 150 Hz 调幅。航空器下降坡度高于下滑道时,则航空器接收到 90 Hz 调幅的电波强于 150 Hz 调幅的电波,此时接收机的仪表指针向下,飞行员应使航空器下降高度;反之,如果航空器接收到 150 Hz 调幅的电波强于 90 Hz 调幅的电波,飞行员应使航空器上升高度;当两束电波强度相当,航空器则保持正常的 3°坡度下降,平稳地降在跑道上。下滑信标的覆盖区域应使航空器在下滑道中线两边各 8°方位、距离至少 18.5 km(10 NM)、上至地平面以上 1.75θ、下至地平面以上 0.45θ 的扇区内正常工作,其中 θ 为下滑角,如图 7-16 所示。

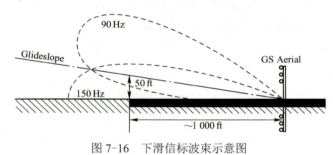

图 7-16　下滑信标波束示意图

在下滑台的有效范围内,飞行员根据飞行仪表(HIS、ADI)的指示,使航空器切入下滑道,并沿下滑道下降到规定的高度进行着陆。

表 7-3　航向台频率与下滑台频率对应表

LLZ 频率/MHz	GP 频率/MHz
108.10	334.70
108.15	334.55
108.30	334.10
108.35	333.95
…	…

3）指点信标

在仪表着陆系统中会配备两台或三台指点信标（Ⅰ类 ILS 一般配有两台），使用 75 MHz 电波，用以配合下滑道工作。指点信标向上空发射一束锥形波束，当航空器通过指点标上空时，航空器内的接收显示设备即发出灯光和音响信号，使飞行员知道自己所处位置。

（1）内指点标（Inner Marker，IM）。内指点标的位置要求安装在Ⅱ类精密进近的最低决断高 30 m 与标称下滑道的交点处，距入口在 75 m 到 450 m 之间，偏离中线不能大于 30 m，以便在低能见度条件下，通过航空器内的白灯闪亮并有 3 000 Hz 声音警告信号告诉飞行员即将到达跑道入口。

（2）中指点标（Middle Marker，MM）。中指点标位于距跑道入口约 1 050 m（±150 m）处，偏离跑道中线不得大于 75 m。在低能见度条件下，航空器飞越它上空时琥珀色的灯闪亮，并有 1 300 Hz 的声音信号提醒飞行员注意航空器已临近目视引导处（Ⅰ类精密进近的最低决断高 60 m）。

（3）外指点标（Outer Marker，OM）。外指点标一般安装在航空器沿航向道以中间航段最低高度切入下滑道的一点（最后进近点）位置。它为航空器提供进行高度、距离和设备工作情况检查的位置信息，距入口约 7.2 km（3.9 NM），航空器飞越它时，驾驶舱内相应的蓝灯闪亮并有 400 Hz 的声音信号。有时因地形和航行等原因，也可以设置在 6.5～11 km 之间。外指点标最好安装在跑道中线延长线上，实在不行，则距离跑道中线延长线不得大于 75 m。

4）导航台数据框

平面图中除了指点标外，所有的导航设施都会标注数据框，数据框内容包括导航设施名称、频率、识别标志、莫尔斯电码、DME 波道，ILS 航向台数据框中还包括航向道的磁方向。与进离场图不同，进近图中导航设施的坐标不在数据框中公布，典型数据框表示方法参见图 7-17。

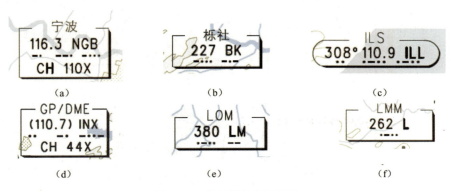

图 7-17 常见导航台数据框

如图 7-17（c）所示，ILS 航向台的识别标志为 ILL，频率为 110.9 MHz，航向道的磁方向为 308°。ILS 航向台的识别标志一般为三个字母，第一个字母为 I，如果该跑道有远台，则后两个字母是该远台的识别；如果仅有近台，则后两个字母重复近台的识别。有的数据框中会出现 LLZ，表示只有航向台，而无下滑台。如图 7-17（d）所示，表示和下滑台合装在一起的 DME 台，数据框中括号内的频率 110.7 MHz 是航向台的频率，INX 为 ILS 航向台的识别标志；如图 7-17（e）所示，LOM 表示外指点标和 NDB 台合装，识别标志为 LM，有的数据框中会出现 "LO"，表示远台位置的 NDB；如图 7-17（f）所示，LMM 表示中指点标和 NDB 台合装，识别标志为 L，有的数据框中会出现"LM"，表示近台位置的 NDB；如果进近图中出现单独的指点标，则外指点标命名为"OM"，中指点标命名为"MM"，内指点标命名为"IM"。

2. 定位点

进近图上出现的定位点主要包括起始进近定位点（IAF）、中间进近定位点（IF）、最后进近定位点（FAF）、梯级下降定位点（Step Down Fix，SDF）、复飞点（MAPt）等进近程序功能点、转弯点、高度控制点及等待点等，其符号见表 7-4。在定位点符号的旁边会给出该点的相关信息描述，包括定位点名称、功能描述、定位方式、坐标及高度限制，如图 7-18 所示。EKIMU 为强制性位置报告点，是一个起始进近定位点，该点通过'SHA' VOR/DME 台的 310°径向线，距该台的 DME 距离为 14.0 NM 的 DME 弧定位，该点的程序高度要求为 1 200 m/3 900 ft。

表 7-4 定位点符号

定位点	✕	强制性位置报告点	▲	非强制性位置报告点	△
旁切航路点	✦	飞跃航路点	✦		

3. 飞行航迹

平面图中会描绘进近程序所有航段的航迹线，包括起始进近航段、中间进近航段、最后进近航段、复飞航段及相关的等待航线，如图 7-18 所示。

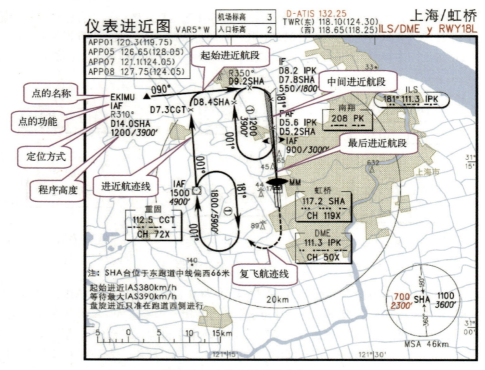

图 7-18 定位点及航迹信息

起始进近航段、中间进近航段、最后进近航段用带箭头的粗实线表示，复飞航段用带箭头的粗断线表示。

在进近程序的各航段中,起始进近航段可采用的模式最为复杂,包括直线进近、沿 DME 弧进近、反向程序、直角航线程序、推测航迹程序。并且起始进近航段的模式会对机场空中交通的秩序及机场的容量产生较大的影响。

1) 直线进近

直线进近是在机场区域内导航设备较为合理、航空器进入机场时的方向较为理想时采用的一种进近模式。这种进近模式要求起始进近航迹与中间进近航迹的交角不应超过 120°,如图 7-19 所示。

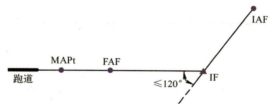

图 7-19 直线进近

如果交角超过 70°,则图中会给出由一条径向线、方位线或 DME 距离确定的提前转弯点,为航空器提供至少 4 km(2 NM)的转弯提前量,帮助引导航空器转弯至中间进近航迹。如图 7-20 所示,宁波栎社机场 13 号跑道的 ILS/DME 进近中从 D18.0NGB 开始进近的程序采用直线进近模式,并且因转弯角度大于 70°,图中给出了转弯提前点,该点由 'BK' NDB 台的 118°方位线确定,即当航空器从点 D18.0NGB 开始沿着起始进近航迹飞行时,当接收 'BK' NDB 台信号的 ADF 的指针指向 118°时,飞行员开始右转弯切入航向道。

图 7-20 直线进近

2）沿 DME 弧进近

当机场内安装有 DME 设备时，可以使用 DME 弧为部分或整个起始进近提供航迹引导，如图 7-21 所示。这种模式能够较好地将进近和离场的航空器分离，使机场的交通更为有序。

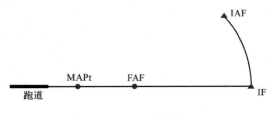

图 7-21　DME 弧进近

太原机场 13 号跑道从起始进近定位点 D17.0 TYN 开始的 VOR/DME 进近为 DME 弧进近，如图 7-22 所示。

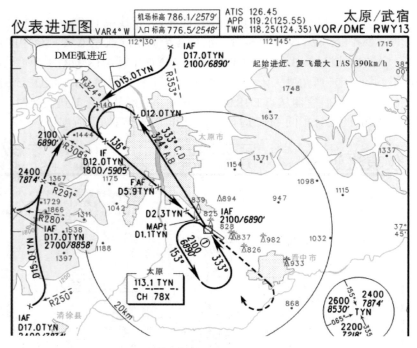

图 7-22　DME 弧进近

3）反向程序

当进场方向和着陆方向相反时，机场通常会使用反向程序。反向程序分为三种类型：基线转弯、45°/180°程序转弯、80°/260°程序转弯，如图 7-23 所示。

目前我国机场较多采用基线转弯。如图 7-24 所示，青岛/流亭机场 35 号跑道 ILS/DME 进近，从 NDB 台'PA'开始的进近程序为基线转弯程序，并且基线转弯出航边的航线角根据航空器的类别不同而不同，对于 A、B 类航空器出航边的航线角为 200°，对于 C、D 类航空器出航边的航线角为 215°，入航转弯开始点为"D 13.0 TAO"，由 NDB 台'PA'的方位线和 VOR/DME 台的 DME 距离定位。

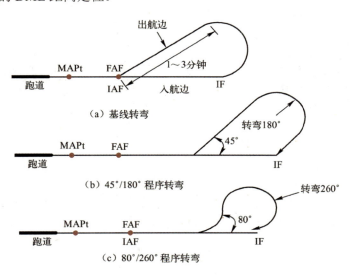

图 7-23 反向程序

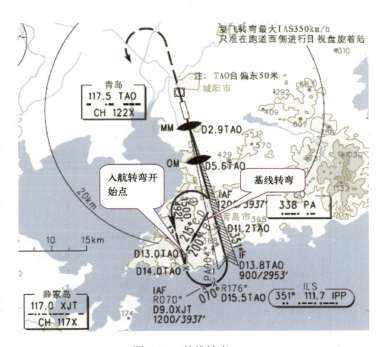

图 7-24 基线转弯

某些基线转弯程序的入航转弯开始点是根据飞行时间确定的。如图 7-25 所示，入航转弯开始点根据飞行时间确定，航空器从'ZF'台开始，对于 A、B 类航空器飞行 2 min 开始入航转弯，对于 C、D 类航空器飞行 1.5 min 开始入航转弯。

但是基线转弯程序的使用要有一定的限制条件，首先程序的起始点必须是一个导航台，其次基线转弯对进入角度有所限制，其进入扇区如图 7-26 所示。

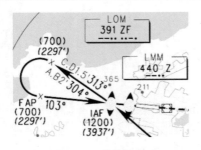

图 7-25 基线转弯

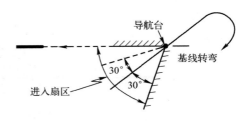

图 7-26 基线转弯的进入扇区

4) 直角航线程序

在直线航段没有足够的距离以满足消失高度的需要、进入反向程序又不可行时，可使用直角航线程序。为了增加运行的机动性，可用直角航线程序作为反向程序的备份，直角航线的形状与等待航线相同，但使用不同的速度和出航时间，如图 7-27 所示。

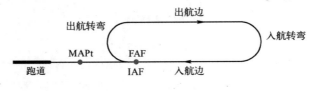

图 7-27 直角航线程序

如图 7-28 所示，从 VOR/DME 台'CHG'开始进近的程序有两种方式，一种为基线转弯程序，一种为直角航线程序。

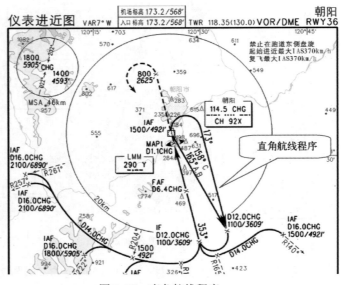

图 7-28 直角航线程序

5) 推测航迹程序

在空中交通较为繁忙，并且由于航空器的进入方向或空域的限制无法设计直线进近程序时，为了避免反向机动飞行，节省时间和空域，而使用推测航迹程序。推测航迹程序的起始进近航段中有一航段无导航台提供航迹引导,因此称为推测航迹程序,该模式为飞行员提供了简单方便的飞行航线,同时为管制员提供了管制机动能力,因此它是一种较为理想的进近方式,但是它要求机场有较多的导航台,且布局合理。根据航段的布局结构,推测航迹程序分为两种类型:U 型推测航迹程序和 S 型推测航迹程序。推测航迹程序各航段的布局如图 7-29 所示。

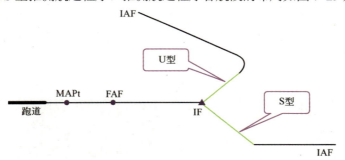

图 7-29 推测航迹程序各航段的布局

如图 7-30 所示,从恩施 VOR/DME 台开始进近的程序采用的是 U 型推测航迹程序。

图 7-30 U 型推测航迹程序

4. 其他信息

1) 比例尺、坐标刻度

进近图一般采用 1∶500 000,如果进近程序所涉及的范围较小,也可采用 1∶250 000 比例尺。如果进近程序覆盖范围较大,可以采用较小的比例尺 1∶750 000 或 1∶1 000 000。在图中用线段比例尺的方式表示;在图廓线的内侧绘制经纬度刻度线,标有经纬度值。对于比例尺为 1∶500 000 和 1∶750 000 的图,刻度间隔为 15′,如图 7-30 所示。

2) 地形标高点、障碍物

进近图的平面图中会描绘地形标高点和重要障碍物，见表 7-5。重要障碍物是由该机场的程序设计人员指定的障碍物，包括各个航段的控制障碍物及对进近飞行有重要影响的障碍物。重要障碍物包括人工障碍物和自然障碍物。当进近程序采用过渡高度（TA）时，所有的障碍物都标注标高；当进近程序采用过渡高（TH）时，人工障碍物会标注场压高，自然障碍物仍标注标高，场压高以机场标高为基准，但如果跑道着陆入口标高低于机场标高 2 m 以上，场压高以跑道着陆入口标高为基准。

表 7-5 地形标高点和重要障碍物

人工障碍物 无灯光	48 ∧	自然障碍物或 地形标高点	381
人工障碍物 有灯光	☆ (66)	高压线	T—T—T

3) 20 km 距离圈

为了增强飞行员的情景意识，进近图上会标绘 20 km 距离圈，该距离圈以位于机场或机场附近的 DME 为中心，若无合适的 DME 则以机场基准点为中心，以 20 km 为半径，如图 7-30 所示。

4) 最低扇区高度

最低扇区高度与进离场图中的描述方法一样，见 4.1.3 节中的最低扇区高度部分。

5) 注释信息

平面图中的注释信息对航图的使用非常重要，需要引起用图者的特别注意，最常见的注释包括两类：一类是关于速度限制的注释，起始进近的最大指示空速要求为 380 km/h，另一类是关于目视盘旋限制的，如"目视盘旋只准在跑道西侧进行"，如图 7-31 所示。

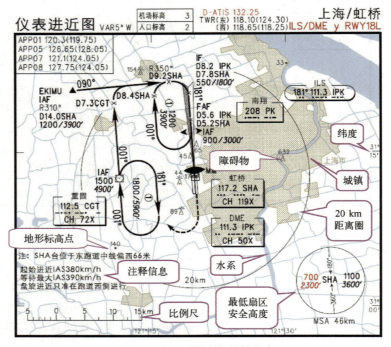

图 7-31 平面图上的其他信息

7.1.4 剖面图

剖面图位于平面图的下方,为飞行员提供中间、最后进近及起始复飞的高度剖面信息,最后进近航段主要用来完成下降着陆,飞行员更加关注高度变化的垂直航径,因此在我国公布的进近图中一般会描述中间进近阶段和最后进近阶段的下降航迹和下降梯度、复飞航段的复飞梯度、各航段的高度要求、各种定位点的定位信息及其高度要求等垂直剖面的相关信息。如图 7-32 所示。

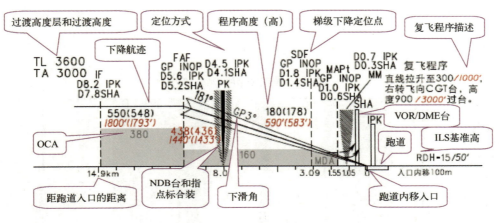

图 7-32 剖面图上的信息

1. 下降航迹

对于精密进近,剖面图的下降航迹符号一般有两种:一种为粗实线,一种为粗断线,如图 7-33 所示,如果 ILS 进近与在同一张图上公布的 LLZ 进近的五边下降航迹不一致,则使用粗实线描述 ILS 进近的航迹,与 ILS 进近航迹不一致的 LLZ 进近航迹采用粗断线描绘。

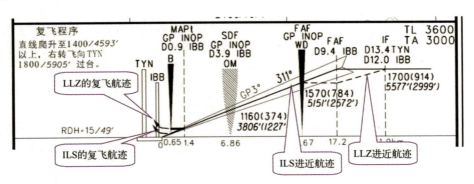

图 7-33 下降航迹

对于非精密进近,剖面图的下降航迹采用带有箭头的粗实线,下降航迹的上方会描述每个航段的航线角。如图 7-34 所示,从中间进近定位点之后的航线角为 311°。如图 7-34 所示,使用向前上方拉起的箭头象征性地表示复飞的开始。

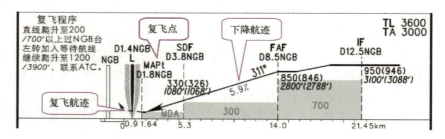

图 7-34 非精密进近程序的下降航迹和复飞航迹

2. 导航台

剖面图中的导航台符号见表 7-6。

表 7-6 剖面图中的导航台符号

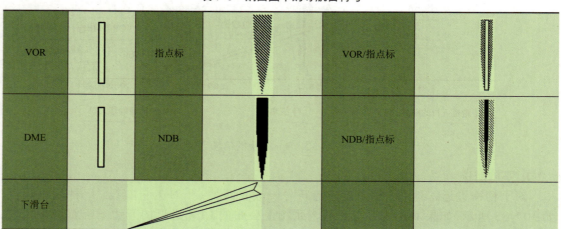

3. 定位点

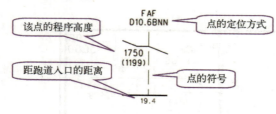

图 7-35 剖面图上定位点符号及其相关信息

剖面图中会描述中间进近定位点、最后进近定位点（最后进近点）、梯级下降定位点及复飞点等关键信息点。剖面图上定位点的符号及其相关信息，如图 7-35 所示。

1）中间进近定位点和最后进近定位点（最后进近点）

中间进近定位点是中间进近航段的开始位置，剖面图中的中间进近定位点以 IF 标识，并会给出具体的定位信息及高度要求。最后进近定位点（最后进近点）是最后进近航段的开始位置，对于非精密进近，最后进近定位点以"FAF"标识；对于精密进近，航空器截获下滑道的位置为最后进近点，以"FAP"标识，表示航空器从该位置开始最后进近。当 LOC（下滑台不工作）进近与 ILS 进近在同一张图上公布时，如果只存在一个"FAF"标识，则表示二者的最后进近开始点在同一位置；如果既存在一个"FAF"标识，同时存在"FAP"标识，则"FAF"表示 LLZ 进近的最后进近定位点，并会标注"GP INOP"表示该点适用于下滑台不工作的情况；"FAP"表示 ILS 进近的最后进近的开始位置，如图 7-36 所示。

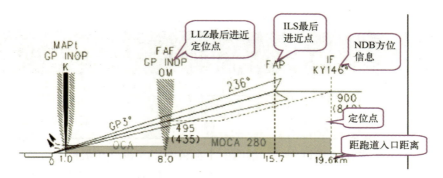

图 7-36 剖面图上的定位点符号

2）梯级下降定位点

梯级下降定位点是在一个航段内确认已飞过控制障碍物允许再下降的定位点，只适用于非精密进近，在剖面图中以"SDF"标识。如图 7-32 所示，在最后进近航段有一个梯级下降定位点 D1.8 IPK。梯级下降定位点的作用有两个。一是通过梯级下降定位点的设立，降低机场的着陆最低标准，比如，图 7-32 中梯级下降定位点"D1.8 IPK"表示航空器到达点 D1.8 IPK 时，已经完成对点 D1.8 IPK 之前障碍物的越障，因此机场的最低着陆标准由 D1.8 IPK 之后的超障高度确定，从而达到降低机场运行标准的目的。二是通过梯级下降定位点的设立可以消除掉某一范围障碍物的影响，具体计算超障高度值可以不考虑的障碍物的范围，参见 ICAO Doc 8168 文件。

3）复飞点

复飞点是飞行员根据程序要求开始实施复飞程序的最后时机，以 MAPt 表示，如图 7-34 所示。对于非精密进近程序，复飞点是一个可以明确定位的点，当航空器下降到 MDA/MDH 时，如果不能建立目视参考，可以继续保持高度平飞至复飞点，在到达复飞点之前的任一个位置，如果飞行员决定复飞都可以实施复飞，如果到达复飞点时依然不能建立目视参考，飞行员必须复飞（上述描述不适用连续下降最后进近（Continuous Descent Final Approach, CDFA）运行）。对于精密进近程序，复飞点是航空器沿下滑道下降到决断高度（高）的位置，即当航空器下降到 DA（H）时，如果不能建立目视参考，则飞行员必须实施复飞程序。

4. 高度信息

剖面图上的高度信息为关键信息，图中主要描绘两类高度，一类为程序高度（高），另一类为最低超障高度（高）。图中程序高度（高）的表示方法见表 7-7。在进近图中精密进近程序和非精密进近程序的场压高均以跑道入口为基准。

表 7-7 图中程序高度（高）的表示方法   单位：m

高 度	ICAO Doc 8168 中规定的描述方法	目前我国航图中常用表示方法	
		传统程序	PBN 程序
高度范围	$\overline{1\,800}$ $\underline{1\,200}$	1 200-1 800	1 200-1 800
最低高度	$\underline{1\,200}$	1 200 or above	$\underline{1\,200}$
最高高度	$\overline{1\,800}$	1 800 or below	$\overline{1\,800}$

续表

高　度	ICAO Doc 8168 中规定的描述方法	目前我国航图中常用表示方法	
		传统程序	PBN 程序
强制性高度	<u>2 400</u>	2 400	2 400
建议高度	1 800	1 800	1 800
预计高度	预计 2 100		

对于有 FAF 的非精密进近程序，剖面图中会公布中间进近和最后进近航段的最低超障高度（高）。最低超障高度（高）是在指定的航段内，按照有关超障准则确定的最低高度，或者确定的高于相关跑道入口标高或机场标高之上的最低高度。当进近程序采用过渡高度（TA）时，公布最低超障高度（Obstacle Clearance Altitude，OCA），当进近程序采用过渡高（TH）时，公布最低超障高（Obstacle Clearance Height，OCH）。公布 OCA/OCH 的目的是增强飞行员的情景意识，使其了解所飞航段的超障情况，任何情况下都不能低于所飞航段的 OCA/OCH 飞行，以减少可控撞地发生的可能性。

另外，剖面图上还会描述 ILS 基准高，以"RDH"表示，ILS 基准高为 15 m/50 ft，如图 7-32 所示。

7.1.5　进近过程描述

参照图 7-2，航空器从重固 VOR/DME 台'CGT'开始进近程序，此时航空器的高度为 1 500 m，沿'CGT'台的 1°径向线飞行，并且在起始进近航段的指示空速不得超过 380 km/h；当 DME 的示数显示 7.3 时，右转航迹 90°飞行，该航段为推测航段，无航迹引导，在该航段飞行过程中预调 VOR/DME 台'SHA'的频率 117.2 MHz，并预选航道 350°；当 VOR 导航指示器指示航空器截获预选航道 350°时，右转航迹，同时在 VOR 导航控制盒上调谐 LOC 频率 111.3 MHz，设定最后进近航道 181°，当航空器切入航向道，且 DME 示数显示距'IPK'台的 DME 距离为 8.2 NM 时，航空器到达中间进近定位点，在起始进近阶段航空器要下降消失高度，到达中间进近定位点时高度 550 m；保持平飞，并进一步调整航空器速度至机型最后进近速度，修正航迹偏差使航空器对正最后进近航道，当指示器显示航空器切入 ILS 下滑道时，表示到达最后进近定位点；此时操纵航空器由平飞改下滑，完成着陆前项目并检查，结合航空器地速，参考地速下降率换算表，修正航空器姿态，调整油门获得合适的下降率，主要依据下滑道指引，保持稳定的 3°下滑角下滑。

进近过程中，飞行员设定决断高度。当航空器下降至决断高度之前 3 s 时，操纵航空器的飞行员根据不操纵航空器飞行员的跑道位置喊话，若能够建立目视参考，并确定跑道准确位置则转为目视飞行，操纵航空器着陆，着陆后根据指令脱离跑道。若航空器下降至 DA 仍不能建立目视参考，应立即复飞，复飞时首先保持 181°航迹爬升至 300 m，右转飞向'CGT'台，高度 900 m 过台。

7.1.6　机场着陆最低标准

机场着陆最低标准是指机场可用于进近着陆的运行限制，对于精密进近（PA）和类精密进近（APV），用决断高度/决断高（DA/H）和能见度/跑道视程（VIS/RVR）表示；对于非精密进近（NPA）和盘旋进近，用最低下降高度/下降高（MDA/H）和能见度/跑道视程 VIS/RVR 表示。机场着陆最低标准公布在进近图的左下角，如图 7-2 所示。

影响机场着陆最低标准的因素包括程序类别、进近类别、航空器分类、导航设备和目视助航设备的有效性等。

1. 程序类别

影响仪表飞行着陆最低标准的一个因素是程序类别，即着陆机动飞行形式。

1）直接进近

通常情况下，进近图中会公布直接进近着陆最低标准，直接进近要求：当最后进近航迹与跑道中线相交时，最后进近航迹和跑道中线的夹角对于 A、B 类航空器不得超过 30°，对于其他类型航空器该交角不得超过 15°，且跑道入口至最后进近航迹与跑道中线交点的距离不得小于 1 400 m；当最后进近与跑道中线延长线不相交时，航迹在距入口 1 400 m 的位置与跑道中线延长线的横向距离不应超过 150 m，如图 7-37 所示。

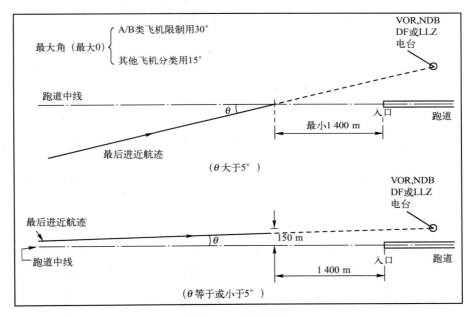

图 7-37　直接进近

2）旁侧进近

旁侧进近（side-step）是指当航空器在一条跑道执行仪表进近时，被指定向另一条平行跑道实施着陆。这种进近方式目前国内尚未采用，在美国和加拿大的某些机场公布了这种方式的进近。

3）盘旋进近

盘旋进近着陆是完成仪表进近之后的一个目视飞行段，航空器在仪表进近程序中不能直接进近着陆时，着陆前在机场上空进行目视对正跑道的机动飞行。不能直接进近着陆的情况一般分为三种：第一种，最后进近航段的航迹设置不满足于直接进近的要求；第二种，下降梯度太大、不符合直接进近着陆的准则，即对于 A、B 类航空器的下降梯度超过 6.5%，对于其他类航空器的下降梯度超过 6.1%；第三种，顺风分量超过标准。

如图 7-38 所示，第一行为直接进近着陆标准，第二行为盘旋进近着陆最低标准。

		A	B	C	D
VOR/DME	MDA(H) VIS	140(138) 460'(460') 2200	140(138) 460'(460') 2400	140(138) 460'(460') 2600	140(138) 460'(460') 2600
盘旋	MDA(H) VIS	210(207) 690'(680') 2800	210(207) 690'(680') 3200	240(237) 790'(780') 4400	240(237) 790'(780') 4800

图 7-38　不同程序类别的着陆最低标准

2. 进近类别

仪表进近程序分为非精密进近、类精密进近和精密进近，精密进近又分为 Cat Ⅰ、Cat Ⅱ、CatⅢA、CatⅢB、CatⅢC，不同进近类别的运行标准的制定和描述方法也不相同。

非精密进近（NPA）：有方位引导，但没有垂直引导的仪表进近。

类精密进近（APV）：有方位引导和垂直引导，但不满足建立精密进近和着陆运行要求的仪表进近。

精密进近（PA）：使用精确方位和垂直引导，并根据不同的运行类型规定相应最低标准的仪表进近。

Cat Ⅰ：DH 不低于 60 m（200 ft），VIS 不小于 800 m 或 RVR 不小于 550 m 的精密进近着陆；
Cat Ⅱ：DH 低于 60 m（200 ft）但不低于 30 m（100 ft），RVR 不小于 300 m 的精密进近着陆；
CatⅢA：DH 低于 30 m（100 ft）或无决断高，RVR 不小于 175 m 的精密进近着陆；
CatⅢB：DH 低于 15 m（50 ft）或无决断高，RVR 小于 175 m 但不小于 50 m 的精密进近着陆；
CatⅢC：无决断高和无跑道视程限制的精密进近着陆。

如图 7-39 所示，第一行为类精密进近着陆标准，第二行为非精密进近着陆最低标准。

		A	B	C	D
LNAV VNAV	DA(H) VIS		130(126) 430'(420') 1600		130(126) 430'(420') 1800
LNAV	MDA(H) VIS		130(126) 430'(420') 1600		130(126) 430'(420') 1800
盘旋	MDA(H) VIS	210(206) 690'(680') 3200	210(206) 690'(680') 3600	415(411) 1370'(1350') 4400	680(676) 2240'(2220') 5000

图 7-39　不同程序类别的着陆最低标准

3. 进近灯光系统分类

进近灯光系统为进近的航空器提供目视指示，并使跑道环境清晰可见，降低了对 RVR/VIS 的要求，对于夜间运行或对进近灯光有要求的其他运行，灯光必须打开并可用。在进行着陆最低标准制定时，将进近灯光系统按照长度、构成和进近灯光强度分为四类：完全进近灯光系统（FALS）、中等进近灯光系统（IALS）、基本进近灯光系统（BALS）、无进近灯光系统（NALS）。具体分类情况见表 7-8。

表 7-8 进近灯光系统分类

灯光分类	长度、构成和进近灯光强度
完全进近灯光系统（FALS）	ICAO：Cat I 精密进近灯光系统（HIALS 不小于 720 m）
中等进近灯光系统（IALS）	ICAO：简易进近灯光系统（HIALS：420～719 m）
基本进近灯光系统（BALS）	ICAO：其他进近灯光系统（HIALS，MIALS，或 ALS：210～419 m）
无进近灯光系统（NALS）	ICAO：其他进近灯光系统（HIALS，MIALS，或 ALS<210 m）或无进近灯光系统

4. 着陆最低标准的制定

1）非精密进近（NPA）的着陆最低标准

非精密进近（NPA）的着陆最低标准通常包括 MDA/H 及 RVR 或 VIS 两个要素。除非特殊批准，非精密进近的 MDH 值不低于 75 m（250 ft），RVR 或 VIS 不低于 800 m。

（1）MDH 值的确定。最低 MDH 不应低于飞行程序设计为各航空器类别所确定的超障高（OCH），MDH 和 OCH 的关系如图 7-40 所示。非精密进近通常使用气压高度表作为高度基准。

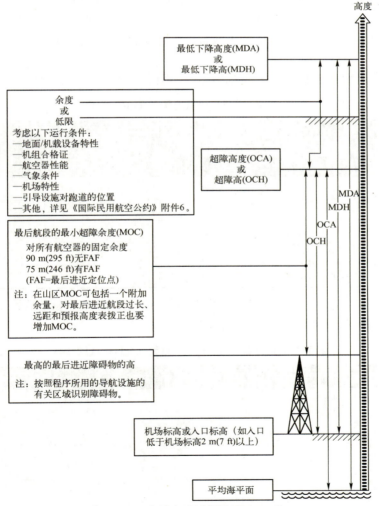

图 7-40 非精密进近的最低 MDH 值

在使用修正海压（QNH）时，MDA 向上 5 m（或 10 ft）取整；在使用场压（QFE）时，MDH 向上 5 m（或 10 ft）取整。

非精密进近的最低 MDH 值见表 7-9。

表 7-9 非精密进近的最低 MDH 值

设施	最低的 MDH
仅有航向台（GP 不工作）	75 m（250 ft）
RNP（LNAV）	90 m（300 ft）
VOR	90 m（300 ft）
VOR/DME	75 m（250 ft）
NDB	105 m（350 ft）
NDB/DME	90 m（300 ft）

（2）RVR/VIS 的确定。

所需 RVR/VIS=[MDH/tanθ]-进近灯光长度（m）。其中 θ 是最后进近下滑剖面的角度。计算得到的数值小于 800 m 时，以 50 m 向上取整；大于 800 m 小于 5 000 m 时，以 100 m 向上取整；大于 5 000 m 时，以 1 000 m 向上取整。接地区 RVR 是控制 RVR，在其故障时可临时由中间点的 RVR 代替。

如果计算出的数值小于表 7-10 所列出的值，则取表 7-10 中的数值作为最低标准。

表 7-10 非精密进近的最小 RVR/VIS 值

进近灯光系统	航空器分类	最小 RVR/VIS		
		ILS（GP 不工作）	VOR RNP（LNAV）	NDB
FALS	A、B、C	800	800	1 200
	D	1 200	1 600	1 600
IALS	A、B、C	1 200	1 200	1 200
	D	1 600	1 600	1 600
BALS 和 NALS	A、B、C、D	1 600	1 600	1 600

（3）设备故障对非精密进近着陆最低标准的影响。机场的某些设备故障，将会影响机场的非精密进近着陆最低标准，具体影响见表 7-11。

表 7-11 设备故障对非精密进近着陆最低标准的影响

设备故障	非精密进近
ILS 备用发射机	无影响
外指点标	不适用
中指点标	无影响，除非该点用作复飞点
接地区 RVR	可临时由中间点 RVR 代替，或使用 VIS 标准
中间点 RVR	无影响
停止端 RVR	无影响

（4）灯光故障或降级对非精密进近着陆最低标准的影响。机场的灯光故障或降级，将会影响机场的非精密进近着陆最低标准，具体影响参见表 7-12。

表 7-12　灯光故障或降级对非精密进近着陆最低标准的影响

设 备 故 障	非精密进近
进近灯	执行无灯光的最低标准
最靠近跑道的 210 m 之外的进近灯	执行无灯光的最低标准
最靠近跑道的 420 m 之外的进近灯	执行中等灯光设施的最低标准
进近灯备用电源	无影响
全部跑道灯光系统	执行昼间—无灯光的最低标准；不允许夜间运行
边灯	仅昼间运行；不允许夜间运行
中线灯	无影响
接地带灯	无影响
跑道灯光备用电源	无影响
滑行灯系统	无影响，除非因滑行速度降低而导致延误

2）类精密进近（APV）和Ⅰ类精密进近（PA）的着陆最低标准

类精密进近（APV）是使用气压垂直导航的 RNP APCH 或 RNP AR 程序，或者是使用星基增强系统（Satellite-based Augmentation System，SBAS）的程序，Ⅰ类精密进近（PA）能够使用的导航设备为仪表着陆系统（ILS）或微波着陆系统（MLS），这两类进近程序的着陆最低标准通常包括 DA/H 及 RVR 或 VIS 两个要素。

（1）DH 值的确定。最低 DH 不应低于飞行程序设计为各航空器类别所确定的超障高（OCH）。

Ⅰ类 PA、APV（RNP APCH，RNP AR）通常使用气压高度表作为高度基准。在使用修正海压（QNH）时，DA 向上 5 m（或 10 ft）取整；在使用场压（QFE）时，DH 向上 5 m（或 10 ft）取整。

除非特殊批准，类精密进近程序的 DH 不低于 75 m（250 ft），RVR 不低于 600 m；Ⅰ类精密进近程序的 DH 不低于 60 m（200 ft），RVR 不低于 550 m。

（2）RVR/VIS 的确定。所需 RVR/VIS=[DH/tanθ]–进近灯光长度（m）。其中 θ 是最后进近下滑剖面的角度。计算得到的数值小于 800 m 时，以 50 m 向上取整；大于 800 m 小于 5 000 m 时，以 100 m 向上取整；大于 5 000 m 时，以 1 000 m 向上取整。接地区 RVR 是控制 RVR，在其故障时可临时由中间点的 RVR 代替。

如果计算出的数值小于表 7-13 所列出的值，则取表 7-13 中的数值作为最低标准。只有 DH 不大于 75 m，且在满足以下情况之一时，才可以使用 RVR 小于 800 m 的标准：

① 跑道具有 FALS、RTZL、RCLL；
② 跑道具有 FALS，使用经批准的 HUD，或者自动驾驶仪或飞行指引仪进近。

表 7-13 APV 程序和 Ⅰ 类 PA 的最小 RVR/VIS 值

进近灯光系统	航空器分类	最小 RVR/VIS	
		APV（LNAV/VNAV）	ILS
FALS	A、B、C	800	550
	D	1 200	
IALS	A、B、C	1 200	800
	D	1 600	
BALS 和 NALS	A、B、C、D	1 600	1 200

例如：嘉峪关机场进近灯光如图 7-41 所示，最低着陆标准如图 7-42 所示。32 号跑道 LNAV/VNAV 进近，OCA$_{最后}$=1 645 m；LNAV 进近，OCA$_{最后}$=1 660；跑道入口标高为 1 551.8 m。运行标准的计算过程为：

（1）LNAV/VNAV 进近的着陆标准。

DA= OCA$_{最后}$=1 645 m

DH= OCA$_{最后}$-跑道入口标高=1 645-1 551.8=93（m）

RVR/VIS=[DH/tanθ]-进近灯光长度（m）

　　　　=93/tan3°-900=888 m↑100 m= 900 m

同时根据表 7-13 的要求，对于 A、B、C 类航空器，VIS 取 900 m，对于 D 类航空器，VIS 取 1 200 m。

（2）LNAV 进近的着陆标准。

MDA= OCA$_{最后}$=1 660 m

MDH= OCA$_{最后}$-跑道入口标高=1 660-1 551.8=108（m）

RVR/VIS=[MDH/tanθ]-进近灯光长度（m）

　　　　=108/tan3°-900=1177 m↑100 m=1 200 m

ZLJQ AD2.14进近和跑道灯光

跑道号码	进近灯类型有否SFL长度强度	入口灯颜色翼排灯	VASIS PAPI 位置 仰角 MEHT	接地带灯长度	跑道中心线灯长度、间隔、颜色、强度	跑道边灯长度、间隔、颜色、强度	跑道端灯颜色	停止道灯长度颜色
1	2	3	4	5	6	7	8	9
14	B型简易进近 420 m 高强度	绿色入口灯	PAPI 跑道左侧 入口内350 m 3°	无	3 000 m 间隔30 m 白色，最后900～300 m红白相间，最后300 m红色可变高强度	3 000 m 间隔60 m 白色，最后600 m黄色可变高强度	红色跑道端灯	无
32	PALS CAT I 900 m 高强度	绿色入口灯	PAPI 跑道左侧 入口内293 m 3°	无	3 000 m 间隔30 m 白色，最后900～300 m红白相间，最后300 m红色可变高强度	3 000 m 间隔60 m 白色，最后600 m黄色可变高强度	红色跑道端灯	无
备注：								

图 7-41 嘉峪关机场的进近和跑道灯光

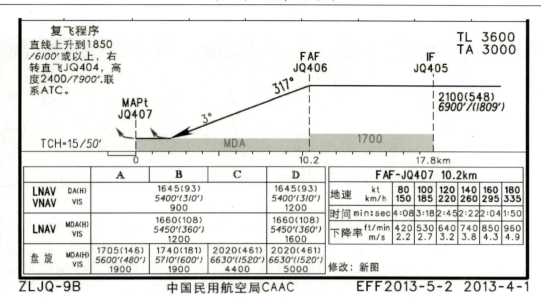

图 7-42 嘉峪关机场最低着陆标准

同时根据表 7-10 的要求，对于 A、B、C 类航空器，VIS 取 1 200 m，对于 D 类航空器，VIS 取 1 600 m。

（3）设备故障对类精密进近和Ⅰ类精密进近着陆最低标准的影响。机场的某些设备故障，将会影响机场的类精密进近和Ⅰ类精密进近着陆最低标准，具体影响见表 7-14。

表 7-14 设备故障对类精密进近和Ⅰ类精密进近着陆最低标准的影响

设备故障	类精密进近	Ⅰ类精密进近
ILS 备用发射机	无影响	
外指点标	不适用	无影响（如果由公布的等效位置代替）
中指点标	无影响（如果由公布的等效位置代替）	
接地区 RVR	可临时由中间点 RVR 代替，或使用 VIS 标准	
中间点 RVR	无影响	
停止端 RVR	无影响	

（4）灯光故障或降级对类精密进近和Ⅰ类精密进近着陆最低标准的影响。

机场的灯光故障或降级，将会影响机场的类精密进近和Ⅰ类精密进近着陆最低标准，具体影响参见表 7-15。

表 7-15 灯光故障或降级对类精密进近和Ⅰ类精密进近着陆最低标准的影响

设备故障	类精密进近	Ⅰ类精密进近
进近灯	执行无灯光的最低标准	
最靠近跑道的 210 m 之外的进近灯	执行无灯光的最低标准	
最靠近跑道的 420 m 之外的进近灯	执行中等灯光设施的最低标准	
进近灯备用电源	无影响	

续表

设备故障	Ⅱ类精密进近	Ⅰ类精密进近
全部跑道灯光系统	执行昼间无灯光的最低标准；不允许夜间运行	
边灯	仅昼间运行；不允许夜间运行	
中线灯	无影响	使用 HUD、自动驾驶仪或飞行指引仪，无影响；其他情况下，RVR/VIS 不得小于 800 m
接地带灯	无影响	使用 HUD、自动驾驶仪或飞行指引仪，无影响；其他情况下，RVR/VIS 不得小于 800 m
跑道灯光备用电源	无影响	
滑行灯系统	无影响，除非因为由于滑行速度降低而导致延误	

3）Ⅱ类精密进近（PA）的着陆最低标准。

Ⅱ类精密进近（PA）的着陆最低标准通常包括 DH 及 RVR 两个要素。Ⅱ类运行通常不使用 DA 的概念，而使用 DH，最低 DH 不应低于飞行程序设计为各航空器类别所确定的超障高（OCH）。Ⅱ类运行最低标准的最低值见表 7-16。D 类航空器实施自动着陆时可采用 RVR300 m。对于Ⅱ类精密进近，接地区和中间点的 RVR 为控制 RVR。

表 7-16　Ⅱ类运行最低标准的最低值　　　　　　　　　　　　单位：m

DH	RVR	
	A、B、C	D
30~35 m（100~120 ft）	300	300/350
36~42 m（121~140 ft）	400	400
43 m（141 ft）以上	450	450

除非获得并能够保持包括进近灯、接地带灯、跑道中线灯、跑道边灯或者这些灯的组合中至少 3 个连续灯的目视参考，飞行员不得继续进近至决断高（DH）之下。目视参考中必须包括地面构型的横向水平要素，如进近横排灯、入口灯或接地地带灯。除非使用经批准的 HUD 至接地。

4）Ⅲ类精密进近（PA）的着陆最低标准

Ⅲ类精密进近（PA）的着陆最低标准通常包括 DH 及 RVR 两个要素。对于使用决断高的运行，该决断高不低于在没有获得所需的目视参考情况下可使用精密进近导航设施的最低高。只有在进近助航设施和机场设施都能支持无 DH 运行时，方可实施无 DH 运行。对于Ⅲ类运行，除非在航行资料或航行通告中特别规定了 DH，否则可以假定其支持无 DH 的运行。接地区、中间点和停止端的 RVR 为控制 RVR。Ⅲ类运行最低标准的最低值见表 7-17。

表 7-17　Ⅲ类运行最低标准的最低值　　　　　　　　　　　　单位：m

进近类型	DH	滑跑控制/指引系统	RVR
ⅢA	低于 30 m（100 ft）	不需要	175
ⅢB	低于 30 m（100 ft）	失效-性能下降	150
ⅢB	低于 15 m（50 ft）	失效-性能下降	125
ⅢB	低于 15 m（50 ft）或无 DH	失效-工作或失效-工作混合着陆系统	75

Ⅲ类运行的目视参考：

对于ⅢA类运行和使用失效-性能下降飞行控制系统或经批准的ⅢB类运行，飞行员不得继续进近至 DH 之下，除非获得并能够保持包括进近灯、接地带灯、跑道中线灯或者这些灯的组合中至少3个连续灯的目视参考；

对于使用失效-工作飞行控制系统或使用失效-工作混合着陆系统（包括，如一套 HUD）的ⅢB类运行，飞行员不得继续进近至 DH 之下，除非获得并能够保持包括一个中线灯在内的目视参考。

5) 机场设备故障或降级对Ⅱ、Ⅲ类精密进近（PA）的影响

(1) 设备故障对Ⅱ、Ⅲ类精密进近着陆最低标准的影响。

ILS 备用发射机、指点标、RVR 故障会影响Ⅱ、Ⅲ类精密进近着陆最低标准，见表 7-18。

表 7-18 设备故障对Ⅱ、Ⅲ类精密进近着陆最低标准的影响

设备故障	Ⅱ类精密进近	Ⅲ类 A	Ⅲ类 B
ILS 备用发射机	不允许		
外指点标	无影响（如果由公布的等效位置代替）		
中指点标			
接地区 RVR	不允许		
中间点 RVR	不允许		
停止端 RVR	无影响	不允许	

(2) 灯光故障或降级对Ⅱ、Ⅲ类精密进近着陆最低标准的影响。跑道灯光系统、进近灯光系统、滑行灯系统等灯光故障或降级会影响Ⅱ、Ⅲ类精密进近的着陆最低标准，见表 7-19。

表 7-19 灯光故障或降级对Ⅱ、Ⅲ类精密进近着陆最低标准的影响

设备故障	Ⅱ类精密进近	Ⅲ类 A	Ⅲ类 B
进近灯	不允许	不允许 DH 大于 15 m（50 ft）的运行	
最靠近跑道的 210 m 之外的进近灯	不允许	无影响	
最靠近跑道的 420 m 之外的进近灯	无影响		
进近灯备用电源	不允许		
全部跑道灯光系统	不允许		
跑道边灯	仅昼间运行；不允许夜间运行		
跑道中线灯	不允许		
接地带灯	不允许		
跑道灯光备用电源	不允许		
滑行灯系统	不允许		

6) 盘旋进近的着陆最低标准

盘旋进近的最低标准通常包括 MDA/H 及 VIS 两个要素。MDA/H 不应低于飞行程序设计为各航空器类别所确定的盘旋进近的超障高，并且盘旋进近的标准不得低于盘旋进近之前仪表进近程序的最低标准及表 7-20 中列出的最小值。不同机型、不同 MDH 对应的盘旋进近运行的最小 VIS 值见表 7-21。

表 7-20　盘旋进近运行的最小 VIS 值　　　　　　　　　　　　　　　　　单位：m

航空器类别	A	B	C	D
MDH	120（400 ft）	150（500 ft）	180（600 ft）	210（700 ft）
VIS	1 600	1 600	2 400	3 600

表 7-21　MDH 对应的盘旋进近运行的最小 VIS 值

MDH	VIS/m			
	A	B	C	D
120—140	1 600			
141—160	1 600	1 600		
161—180	1 600	1 600		
181—205	1 600	1 600	2 400	
206—225	1 600	1 600	2 800	3 600
226—250	1 600	2 000	3 200	3 600
251—270	1 600	2 000	3 600	4 000
271—300	2 000	2 400	4 000	4 400
300 以上	2 000	3 000	4 400	5 000

盘旋进近的最低标准不得低于该机场所有直线进近程序的最低标准。该内容也适用于规定航迹的目视盘旋进近程序。

7）着陆最低标准制定的其他要求

（1）对于标高小于 3 000 m 的机场，如果 DH 或 MDH 大于 300 m（1 000 ft），或计算得到的 VIS 大于 5 000 m，使用 VIS 为 5 000 m，并在航图中标注"目视飞向机场"。对于标高大于 3 000 m 的机场，如果 DH 或 MDH 大于 450 m（1 500 ft），或计算得到的 VIS 大于 8 000 m，使用 VIS 为 8 000 m，并在航图中标注"目视飞向机场"。

（2）对于使用 HUD 系统，根据局方的有关规定，可批准低于《民用航空机场运行最低标准制定与实施准则》（AC-97-FS-2011-01）规定的标准。

（3）对于机场周围地形陡峭、使用大下滑角度、经常出现下沉气流、最后进近偏离跑道延长线、使用远距高度表拨正等情况，可根据运行实际情况，适当提高最低标准。

8）着陆最低标准的实施要求

（1）如果报告的 RVR 或 VIS 低于程序规定的着陆最低标准，在飞越 FAF 或等效点之前，机组不得继续进近；如果在飞越 FAF 或等效点之后，机组则可以继续进近至决断高度/高（DA/H）或者最低下降高度/高（MDA/H）。

（2）航空器到达 DA/H，或者在非精密进近到达最低下降高度/高（MDA/H）后至复飞点前，航空器处在正常下降着陆位置，并且已取得要求的目视参考，则可以继续下降至 DA/H 或 MDA/H 以下。否则，不论天气报告如何，如果不能取得外界目视参考，或者根据可用的目视参考，航空器相对于着陆航径的位置不能保证成功着陆，则必须开始实施复飞。

（3）除非在拟用跑道上，飞行员可以至少清楚看见并识别下述目视参考之一，充分评定相对于预定飞行航径的航空器位置和位置变化率，否则不得继续进近到 DA/H 或 MDA/H 之下：①进近灯光系统；②跑道入口；③跑道入口标志；④跑道入口灯；⑤跑道入口标识灯；⑥目视进近坡度指示系统；⑦接地区或接地区标志；⑧接地带灯；⑨跑道边灯；⑩局方认可的其他目视参考。

（4）在进近过程中任何时候航空器到达 MDA/H 或 DA/H 之前，如果遇到严重颠簸，或者由于机载或地面设备故障而导致进近不稳定，不得继续进近。

（5）在仪表进近程序中转入目视飞行，飞行员应获得充分的目视参考，以保证能正确判明航空器相对于着陆航迹的位置和高度。

9）对运营人的要求

航图上公布的机场标准为中国民航局批准公布的最低运行标准，运营人可根据实际运营情况确定运营人的运行标准，要求运营人所确定的运行标准应不低于局方批准的该机场最低标准，如使用 HUD（或者 EVS、SVS），经局方特殊批准，可以使用低于机场最低标准的标准。在确定具体机场最低标准时，运营人必须全面考虑：

① 航空器型号、性能和操纵品质；
② 飞行机组的组成、胜任能力和经验；
③ 所选用跑道的尺寸和特性；
④ 可用目视和非目视地面助航设备的充分性及特性；
⑤ 在起飞、进近、拉平、着陆、滑跑和复飞时，用于导航和飞行轨迹控制（若适用）的机载设备；
⑥ 在进近、复飞以及爬升区域中对实施应急程序有影响的障碍物；
⑦ 仪表进近程序中的超障高度/高；
⑧ 确定气象条件和报告气象条件的方法；
⑨ 在最后进近航段的飞行技术。

注：在非精密进近不使用 CDFA 时，运营人的最低标准一般应在局方规定的最低标准之上，对于 A、B 类航空器，RVR/VIS 至少增加 200 m，对于 C、D 类航空器，RVR/VIS 至少增加 400 m。

10）航图公布

运行最低标准的高度和高同时公布米制和英制，其中公布的英制值为由对应的米制换算英尺后按 10 ft 向上取整的数值。

7.1.7 附加资料

1. 地速、时间、下降率换算表

在剖面图的下方会提供不同地速航空器从最后进近定位点（FAF）到复飞点（MAPt）的飞行时间和应使用的下降率。地速范围包括允许使用该图的航空器类型在最后进近航段可能使用的地速范围。对于非精密进近运行，在最后进近阶段，飞行员为了满足下降梯度的要求，会根据航空器的地速，计算航空器的下降率。飞行员根据该表可以快速计算出航空器的下降率，下降率表中同时公布米制和英制，其中英制的下降率按 10 ft/min 取整，四舍五入。如图 7-43 所示，最后进近定位点（FAF）到复飞点（MAPt）的距离为 8.62 km，假设航空器此时的地速为 140 kt（260 km/h），在下滑台不工作的情况下，如果需满足图中最后进近阶段的 3° 下滑角，即 5.2% 的下降梯度要求，航空器的下降率应为 740 ft/min 即 3.8 m/s，航空器从最后进近定位点（FAF）飞至复飞点（MAPt）的时间为 2 min。

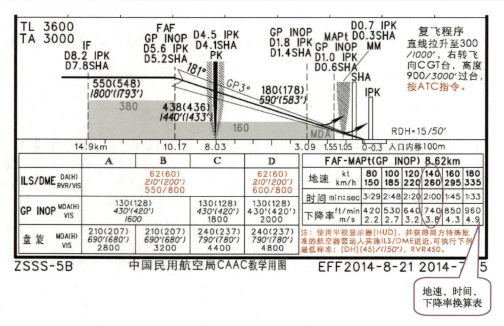

图 7-43　地速、时间、下降率换算表

2. 测距仪读数（至某一航路点的距离）/航空器飞行高度对照表

当最后进近航段要求使用 DME 时，或程序虽然不要求进近航段使用 DME，但如果有一位置适当的 DME 可提供下降剖面的参考资料，航图上会提供测距仪读数（至某一航路点的距离）/航空器飞行高度对照表。测距仪读数取整数海里，通常以 1 NM 为间隔，取 1~7 NM 七个数值，航空器在第一个测距距离的高在 MDA 以上；如果 FAF 距跑道入口距离超过 20 km，则测距仪读数会以 2 NM 为间隔，取 2~14 NM 或取 3~15 NM，以此类推；最后一个测距距离的位置一般不会远于 FAF，例如，如果 FAF 为 D6.5，则最后一个测距距离为 6。测距/高度表中的高度精确至 1 m，换算为英尺后按 10 ft 取整，四舍五入。

如图 7-44 所示，当下滑台不工作时，飞行员可以通过该参照表判断航空器与 3°下滑剖面之间的位置关系，假定此时 DME 示数显示 4 NM，而高度表的示数显示 415 m/1 360 ft，则表示该航空器飞高了，飞行员应尽快向下调整高度。

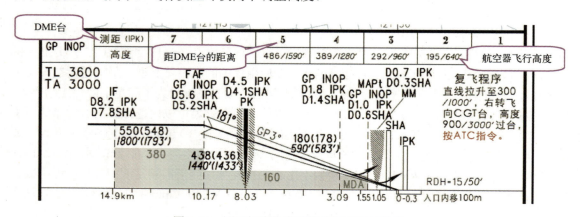

图 7-44　测距仪读数/航空器飞行高度对照表

对于 RNP APCH 程序，图上会提供至某一航路点的距离/航空器飞行高度对照表，如图 7-45 所示。当采用 LNAV 进近方式时，该表为飞行员提供一个参考，可以判断航空器与下降剖面之间的位置关系，假定航空器在距航路点 NB200 的距离为 3 NM 时，如果航空器正好位于下降剖面上，此时的飞行高度应为 310 m/1 020ft。

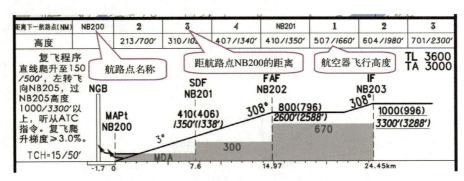

图 7-45　至某一航路点的距离/航空器飞行高度对照表

7.2　进近图图例

7.2.1　采用传统导航方式

本部分介绍非精密进近图例如图 7-46 所示，进近准备时，飞行员应首先掌握进近图中的关键信息，然后阅读其他信息做好实施仪表进近程序的准备。如果使用宁波/栎社机场 13 号跑道 VOR/DME 进近程序从宁波 VOR/DME 台 'NGB' 开始进近，图 7-46 中用数字标注的内容为实施该进近程序的关键信息。

标注 1　程序名称。根据程序名称，说明在最后进近阶段提供航迹引导的导航台为 VOR 台，并由 DME 台给出距离信息，飞行员需要利用机载 VOR 导航设备判断进近偏差，并根据 DME 确定航空器位置。

标注 2　进近过程中会使用到的通信频率。其中，机场通播的频率为 126.45 MHz；进近的主用频率为 125.45 MHz；备用频率为 119.55 MHz；塔台的主用频率为 118.35 MHz；备用频率 118.7 MHz 和 130.0 MHz。

标注 3　机场标高为 4 m。13 号跑道的入口标高为 3.7 m。

标注 4　最低扇区高度。扇区划分以栎社 NDB 台/BK/227 kHz 为中心，以 90°方位线和 320°方位线分成两个扇区，其中一个扇区的最低安全高度为 1 400 m，另一个扇区的最低安全高度为 1 650 m。

标注 5　引导最后进近的导航台。宁波 VOR/DME 台 'NGB' 是该图中为所有进近程序提供最后进近航迹引导的导航台，是本图中的关键导航台，同时是一条起始进近程序的 IAF 点。

标注 6　IAF 点的高度要求，宁波 VOR/DME 台 'NGB' 的程序高度要求为 1 200 m。

标注 7　基线转弯出航航线角。从宁波 VOR/DME 台 'NGB' 开始进近的程序为一条基线转弯程序，出航航线角根据不同的航空器类别不同而不同，对于 A、B 类航空器，出航航线角为 295°，对于 C、D 类航空器，出航航线角为 286°。

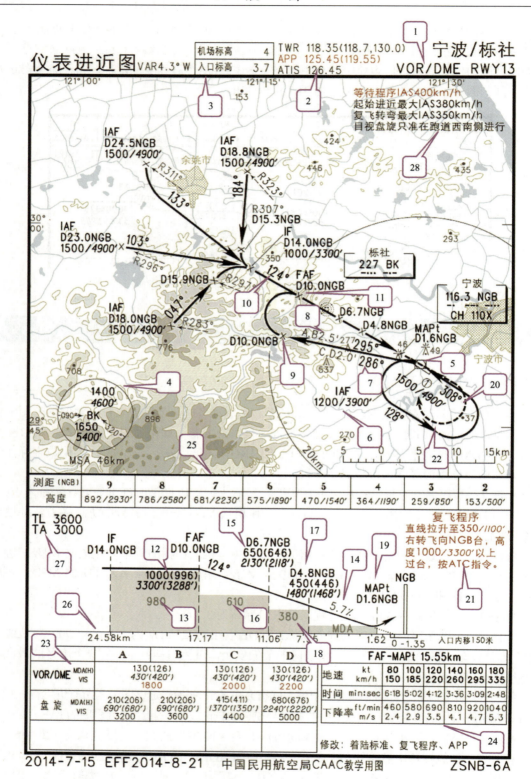

图 7-46 宁波/栎社机场 13 号跑道 VOR/DME 进近图

标注 8 基线转弯出航时间。对于 A、B 类航空器，出航时间为 2.5 min，对于 C、D 类航空器，出航时间为 2 min。

标注 9 IF 点及其定位方式。定位点 'D10.0 NGB' 为 IF 点，对于 A、B 类航空器，该点在 'NGB' 的 295°径向线，距其 DME 距离为 10.0 NM，对于 C、D 类航空器，该点在 'NGB' 的 286°径向线，距其 DME 距离为 10.0 NM。

标注 10 最后进近的航线角。最后进近的航线角为 124°。

标注 11 FAF 点及其定位方式。定位点 'D10.0 NGB' 为 FAF 点，该点在 'NGB' 的 304°径向线上，距其 DME 距离为 10.0 NM。

标注 12 FAF 点的高度要求。FAF 点的程序高度要求为 1 000 m。

标注 13 中间进近阶段的超障高度。中间进近阶段的超障高度要求为 980 m。

标注 14 最后进近阶段的下降梯度。最后进近阶段的下降梯度为 5.7%。

标注 15 梯级下降定位点及其程序高度要求。'D6.7 NGB' 在 'NGB' 的 304°径向线上，距其 DME 距离为 6.7 NM，程序高度为 650 m。

标注 16 超障高度。FAF 点至梯级下降定位点 'D6.7 NGB' 之间航段的超障高度要求为 610 m。

标注 17 梯级下降定位点及其程序高度要求。'D4.8 NGB' 在 'NGB' 的 304°径向线上，距其 DME 距离为 4.8 NM，程序高度为 450 m。

标注 18 超障高度。梯级下降定位点 'D6.7 NGB' 至梯级下降定位点 'D4.8 NGB' 之间航段的最低超障高度要求为 380 m。

标注 19 复飞点。'D1.6 NGB' 在 'NGB' 的 304°径向线上，距其 DME 距离为 1.6 NM。

标注 20 复飞航迹。在平面图中用带箭头的虚线表示复飞航迹。

标注 21 复飞程序的文字描述。

标注 22 等待程序。等待点为 VOR/DME 台 'NGB'，出航航线角 128°，出航时间 1 min，最低等待高度层 1 500 m。

标注 23 着陆最低标准。该表格中描述 VOR/DME 进近及盘旋进近，不同类别航空器的着陆标准不同。例如，对于 C 类航空器，VOR/DME 进近的着陆最低标准为最低下降高度（MDA）130 m，最低下降高（MDH）126 m，能见度（VIS）为 2 000 m。

标注 24 地速、时间、下降率换算表。最后进近定位点（FAF）到复飞点（MAPt）的距离为 15.55 km，假设航空器此时的地速为 120 kt（220 km/h），如果需满足图中最后进近阶段 5.7%的下降梯度要求，航空器的下降率应为 690 ft/min 即 3.5 m/s，航空器从最后进近定位点（FAF）飞至复飞点（MAPt）的时间为 4 分钟 12 秒。

标注 25 测距仪读数/航空器飞行高度对照表。当航空器距宁波 VOR/DME 台 'NGB' 的距离为 5 NM 时，航空器的飞行高度应为 470 m。

标注 26 距跑道入口的距离。IF 点距跑道入口的距离为 24.58 km。

标注 27 过渡高度和过渡高度层。过渡高度为 3 000 m，过渡高度层为 3 600 m。

标注 28 使用该进近图的特别说明。比如，图中要求"目视盘旋只准在跑道西南侧进行"，等待、起始进近、复飞转弯的速度限制。

航空器从宁波 VOR/DME 台 'NGB' 开始进近的实施过程为：飞行员根据进近管制许可，在 VOR 导航控制盒上调谐宁波 VOR/DME 台 'NGB' 的频率 116.3 MHz，航空器从 'NGB' 台开始进近程序,此时航空器的高度应下降至 1 200 m。对于 C、D 类航空器沿 'NGB' 台的 286° 径向线飞行;对于 A、B 类航空器沿 'NGB' 台的 295° 径向线飞行,并且在起始进近航段的指示空速不得超过 380 km/h。当 DME 的示数显示 10.0 时,此时航空器到达中间进近定位点,然后改变预选航道,右转飞行,在距 'NGB' 台的 DME 距离为 10.0 NM 时,应切入 'NGB' 台的 304° 径向线后向台飞行;在 DME 的示数再次显示 10.0 时表示到达最后进近定位点,该点的程序高度要求为 1 000 m,此时操纵航空器由平飞改下滑,完成着陆前项目并检查,结合航空器地速,参考地速下降率换算表,修正航空器姿态,调整油门获得合适的下降率,以保持 5.7% 的下降梯度下滑。下滑过程中根据测距仪读数/航空器飞行高度对照表进行高度检查,比如,当 DME 示数显示 8.0 时,航空器的高度应为 786 m,并且最后进近阶段有两个梯级下降定位点:'D6.7 NGB' 和 'D4.8NGB',在点 'D6.7 NGB' 的高度要求为 650 m,在点 'D4.8 NGB' 的高度要求为 450 m。

进近过程中,不操纵航空器的飞行员应注意搜索跑道位置。当气压式高度表的示数显示最低下降高度 430 ft 时,操纵航空器的飞行员根据不操纵航空器飞行员的跑道位置喊话。若能够建立目视参考,并确定跑道准确位置后转为目视飞行,应操纵航空器着陆,着陆后根据指令脱离跑道;若不能建立目视参考,则保持平飞至 'D1.6 NGB',若依然不能建立目视参考,应复飞,复飞时直线拉升至 350 m,右转飞向 'NGB' 台,高度 1 000 m 以上过台。

7.2.2 采用 PBN 导航方式

PBN 进近程序一般采用的导航规范有两种 RNP APCH 和 RNP AR APCH。如图 7-47 所示,宁波/栎社机场 31 号跑道的 PBN 进近程序采用的导航规范为 RNP APCH,图中的标注为 RNP APCH 进近图与传统进近图的主要区别。该图的数据库编码如图 7-48 所示。

标注 1 程序名称。根据程序名称,说明导航规范为 RNP APCH,RNP APCH 程序用于最后进近航段使用精度 0.3 的直线进近航段,可以配合使用 Baro-VNAV 功能,该导航规范能够使用的导航源只能为 GNSS。

标注 2 航路点及过点高度要求。NB205 为一个 IAF 点,该点为旁切航路点,该点的最低高度要求为 1 000 m。

标注 3 航线角。中间进近和最后进近的航线角都为 308°,由 GNSS 提供航迹引导。

标注 4 复飞点。航路点 NB200 为复飞点,该点为飞越航路点。

标注 5 等待点。航路点 NB203 是 IF,为旁切航路点,同时该点为等待点,当该点为等待点时,该点为飞越航路点。

标注 6 IF 点的高度要求。航空器在该点的高度最低为 1 000 m。

标注 7 至某一航路点的距离/航空器飞行高度对照表。距航路点 NB201 的距离为 3 NM 时,航空器的高度应为 701 m;距航路点 NB200 的距离为 3 NM 时,航空器的高度应为 310 m。

标注 8 着陆最低标准。RNP APCH 进近程序一般会公布 "LNAV/VNAV" 的最低着陆标准,用 DA(H) 和 VIS 表示,用于使用 Baro-VNAV 进行垂直引导的情况。"LNAV" 的最低着陆标准用 MDA(H) 和 VIS 表示,用于无垂直引导的情况;"盘旋进近" 的最低着陆标准用 MDA(H) 和 VIS 表示。

标注 9 穿越跑道入口高(Threshold Crossing Height,TCH)。航空器在进近着陆过程中在跑道入口上方的高度为 15 m/50 ft。

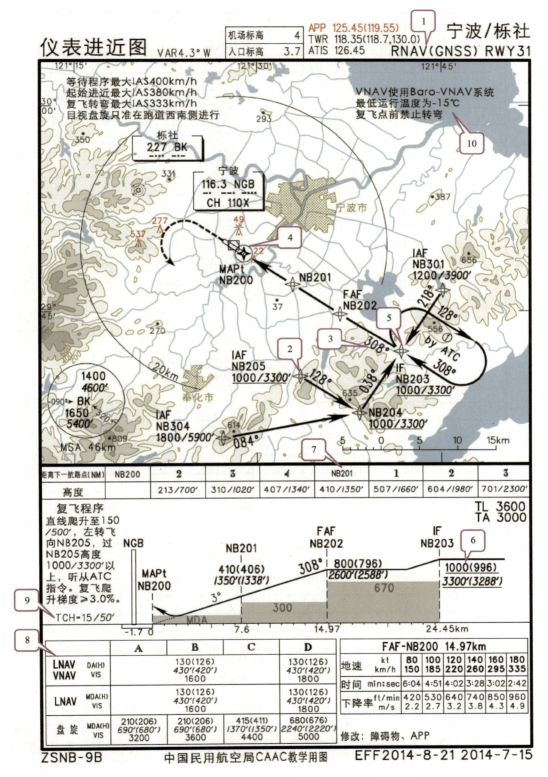

图7-47 宁波/栎社机场31号跑道 RNP APCH 进近图

航径描述	定位点标识	是否飞越点	磁航向/°	转弯指示	高度/m	速度限制/km/h	VPA/TCH	导航性能
RWY31进场SUP-52F								
IF	SUPAR							RNP1
TF	NB107							RNP1
TF	NB109							RNP1
TF	NB306				1 500			RNP1
TF	NB206				1 200			RNP1
TF	NB205				1 000	MAX380		RNP1
TF	NB204				1 000			RNP1
TF	NB203				1 000			RNP1
RWY31进近至MAPt								
IF	NB203				1 000			RNP1
TF	NB202				800		-3°	RNP0.3
TF	NB201				410		-3°	RNP0.3
TF	NB200	Y					-3°/15 m	RNP0.3
RWY31复飞								
CA			308		150	MAX333	≥3%	RNP1
DF	NB205			L	1 000		≥3%	RNP1
RWY31等待								
HM	NB203	Y	308	R	by ATC	MAX400		RNP1
HM	NB305	Y	065	L	by ATC	MAX400		RNP1

修改：新图

ZSNB-4M　　　中国民用航空局CAAC教学用图　　　EFF2013-8-22

图 7-48　宁波/栎社机场 31 号跑道 RNP APCH 进近程序的数据库编码

标注 10　温度限制。Baro-VNAV 进近采用气压高度表来判断航空器偏离下滑道的情况，而气压高度表会因为大气温度的偏差而出现误差。如果温度过低，航空器实际的高度将会低于高度表显示的高度，如果不进行修正就会造成在最后进近阶段的航空器高度过低，从而造成航空器与地面障碍物相撞的危险，因此图中会公布一个使用该程序的最低温度。如果航空器飞行管理系统具有最后进近温度补偿功能，则不受最低温度的限制。图 7-47 中最低温度限制为-15°。

7.3 制图标准

7.3.1 图幅结构及制图比例尺

仪表进近图由平面图、剖面图和机场运行最低标准及补充资料组成。图幅编号由机场四字地名代码加一位数字和一个英文字母组成。格式为：XXXX-XX。平面图通常采用 1:500 000 比例尺。如果进近程序所涉及的范围较小，也可采用 1:250 000 比例尺；如果进近程序覆盖范围较大，可以采用较小的比例尺 1:750 000 或 1:1 000 000。应在平面图内下方的适当位置绘出比例尺，用线段比例尺标示。剖面图水平与垂直均不依比例尺绘制，相对位置为示意位置。

7.3.2 编绘准备工作

1. 资料的准备

根据编图范围收集 1:100 000、1:250 000、1:500 000 地形图。分析经批准的仪表进近程序设计原图和资料。收集机场资料、通信资料、导航设备资料、相关地图和文字资料、地磁图、行政区划手册、机场周围的地理要素资料和限制区域的资料等。

2. 确定制图比例尺

对收集的资料进行全面分析、比较，确定用于编绘仪表进近图底图的地形图，机场、通信和导航设施资料的使用程度和范围，补充资料的内容，最后确定制图比例尺。

3. 制图区域

以制图资料为基础，从制图的全局出发，对各要素的分布情况及它们之间的相互联系进行分析比较、综合研究、查明航空要素的分布情况，明确在图上反映此项内容的详细程度；研究水系、道路、居民地、地貌等要素的分布特点、特征，确定图上内容的表示。

7.3.3 平面图的编绘

1. 地形

为了便于用户了解机场周围的地形特征，在制图时，高于入口标高 150 m 的地形宜使用等高线、等高值和分层设色法标绘。自然障碍物地形标高点应用黑色圆点标出，并标注标高。

2. 地物

图上应标绘海洋、湖泊、河流等水部信息；应标绘对于进近有定位意义的岛屿；应标绘对于进近有定位意义的主要城镇；宜标绘对于进近有定位意义的大片植被的区域。

3. 国境线

应按照 2.2.4 节国境线的要求绘出。

4. 航空要素

跑道：进近着陆机场的所有跑道均应按比例尺绘出其长度及其方向。制图范围内的其他机场的跑道也应按比例尺绘出其轮廓，但使用的符号应与着陆机场跑道有明显区别。

无线电导航设施：应在平面图中标绘所有为进近程序中各个航段（含等待程序）提供航迹引导的导航设备，以及进近程序中各个定位点定位时需要使用的导航设施。制图范围内与进近程序无关的导航设施不必标绘在平面图中。图中标绘的无线电导航设施应注记名称、识别、频率、莫尔斯代码。

航迹：航迹、方位和径向方位的注记应以磁北为基准。图中应用线状符号描绘航迹线。应在所有航迹线的直线段起始位置注明飞行的磁航迹。如果进近程序中某些航段对航空器的类型有所限制，则应注明可以使用的航空器类型。应在图中标出起始进近定位点、中间进近定位点、最后进近定位点（最后进近点）、已确定的复飞点和构成仪表进近程序的其他重要定位点或点，并加以识别。应在图中明确地标注所有航线段和航线段中的定位点对航空器飞行高度的限制。等待航线应注明出航限制和最低等待高度。进近程序中，使用雷达引导航空器飞行的航线段应使用雷达引导航线符号。当采用计时的方法确定基线转弯和直角航线程序的出航边长度时，应在平面图中注明飞行时间。当不同类型的航空器使用不同的飞行时间时，应分别注明各类航空器的飞行时间。

定位点：与进场图中的描述方法相同。

5. 障碍物

应在图中标绘出程序设计人员提供的符合以下条件的障碍物：决定各个航段超障高度的控制障碍物；在保护区之外，但对程序设计起着重要影响的障碍物；制图范围内，高于入口标高 150 m 以上有影响的障碍物；穿透机场障碍物限制面的障碍物。障碍物标高应向上以米取整。

6. 参考圆

应以位于机场基准点附近的测距台为圆心，如无测距台可用，应以机场基准点为圆心，半径为 20 km，标绘一个距离圈，并在距离圆上注明半径数值，字头朝北。

7. 限制空域和最低扇区高度

限制空域和最低扇区高度与进场图中的描述方法相同。

8. 航空器运行限制

应在平面图中注明进近程序和空中交通服务对航空器运行的限制。

7.3.4 剖面图的编绘

1. 跑道

剖面图应标绘着陆跑道。

2. 无线电导航设施

与中间、最后进近有关的导航设施均应在剖面图中绘出。其中，位于跑道中线延长线上的导航设施，其符号应从剖面图底线开始，直至所需高度位置；其他位置的导航设施，其符号不应从剖面图底线开始。它们仅在航线通过其上空的高度位置，绘出所需部分。所有表示在剖面图中的导航设施应标注其识别。

3. 航迹

应标绘进近程序从中间进近定位点至复飞点的航迹的剖面。对于精密进近程序和垂直引导进近程序，应标出基准高，精确至 0.5 m 或 1 ft，标出下滑角或垂直径向角，精确至 0.1°。在剖面图中绘出的航线中涉及的所有位置点，凡有高度限制的应在剖面图中加以注记。剖面图中所有直线飞行航段均应在起始位置注明飞行磁航迹（航向）。非精密进近程序有最后进近定位点的航段应标注下降梯度，数值精确到 0.1%。复飞程序的绘制，从复飞点使用上扬的箭头表示，并应在剖面图中适当的位置，用简练的语言表述复飞的飞行方法。

4. 定位点

所有中间和最后进近航迹上的定位点均应在剖面图中表示，并标注其名称。如果该定位点是使用侧方导航台进行交叉定位,则应标注导航台的识别和方位;如果该定位点使用测距设备进行定位,则应标注测距设备的识别和距离。

5. 过渡高度和过渡高度层

应在剖面图中适当的位置,注明本机场所使用的过渡高度和过渡高度层。

6. 最低超障高度

非精密进近程序中间进近航段和最后进近航段的最低超障高度,使用套网目阴影形式公布,阴影内注记航段的最低超障高度。

7.3.5 机场着陆最低标准及附加资料

1. 机场着陆最低标准

仪表进近图中应采用表格形式提供各类机型(不允许使用该图的机型除外)使用该图时所需着陆最低运行标准。

2. 附加资料

(1)地速、时间、下降率换算表。在图中应采用表格形式提供不同地速航空器从最后进近定位点(FAF)到复飞点(MAPt)的飞行时间和应使用的下降率。地速范围应包括允许使用该图的航空器类型在最后进近航段可能使用的地速范围。

(2)测距仪读数、航空器飞行高度对照表。当最后进近阶段要求使用测距仪时,应用表格列出每 1 NM 的高度或高。表格不包括低于 OCA/H 或 MDA/H 的相关高度或高的距离。如果进近程序不要求最后进近航段使用测距仪,但有位置适当的测距仪可提供咨询性质的下降剖面资料时,亦应按上述原则列表。

7.3.6 其他

1. 资料修订变化摘要

应在图框内运行标准表的下方,用简练的语言提供本次修订数据、资料变更情况的摘要。

2. 图框外注记

在图框上方标注图名、机场所在位置的磁差、机场标高和入口标高、无线电通信频率包括进近、复飞和等待飞行过程中使用的无线电通信频率、机场所在城市的名称和机场的名称、最后进近所用导航类型和着陆跑道的编号。在图框下方标注图名、出版单位、出版日期和生效日期。

思考题

1. 请简述仪表着陆系统的组成部分及各部分的功能。
2. 请简述梯级下降定位点的作用。
3. 请简述测距仪读数/航空器飞行高度对照表的作用。
4. 参照图 7-28,请简述从朝阳 VOR/DME 台'CHG'开始按直角航线程序进近的过程。
5. 宁波/栎社机场 31 号跑道装有 PALS CAT I 高强度灯光系统,请写出图 7-47 中 LNAV/ VNAV 最低着陆标准的计算过程。

第 8 章 机场障碍物图

8.1 机场障碍物图-A 型

机场障碍物图-A 型又称运行限制图,它为有关人员确定航空器最大允许起飞重量提供必要的机场资料。在每次飞行前,公司运控人员必须确定航空器在当时条件下的最大允许起飞重量,以保证飞行的安全和经济性。而航空器最大允许起飞重量计算时必须保证航空器在起飞过程中的任一点发生临界发动机失效时,或出于其他理由,航空器必须能够中止起飞并在可用加速停止距离内停住,或能继续起飞并以规定的超障高度高于沿航迹的所有障碍物直至爬升到规定高度。因此在确定航空器最大允许起飞重量时,必须根据机场的跑道、停止道、净空道的长度、纵向梯度等准确数据,同时考虑起飞航径区内障碍物的高度,结合当时的大气温度、风速、气压等值,利用航空器的性能软件进行计算。为了提供确定起飞重量时使用的完整资料,包括可用道面和起飞航径区内的障碍物,出版了机场障碍物图-A 型。

本图为机场必备航图之一,所有供民用航空运输机使用的机场,在起飞航径区内有重要障碍物时,都应制作出版本图;起飞航径区内无重要障碍物而不需要此种图时,必须在相应的航行资料中予以说明。在有多条跑道的机场,要求每条跑道绘制一张机场障碍物图-A 型;在一些地形较复杂,重要障碍物较多的机场,为了将重要障碍物绘于图上,致使制图范围较大,虽经调整比例尺,仍无法将图幅范围缩小到满意的尺寸,可以按起飞方向分别绘制单张图。

8.1.1 图幅布局及航图要素

如图 8-1 所示(请扫描本章二维码),机场障碍物图-A 型主要由平面图、剖面图和公布距离 3 个部分构成。

1. 平面图

机场障碍物图-A 型的平面图包括的航图要素为:跑道、停止道、净空道、升降带、起飞航径区和重要障碍物。

1)跑道、停止道和净空道

跑道信息包括以实线标绘的跑道轮廓、跑道长宽、跑道号码、跑道磁方位及铺筑面的类型。停止道信息包括以虚线标绘的停止道轮廓、长宽及铺筑面的类型。净空道信息包括虚线标绘的净空道轮廓和长宽,如图 8-2 所示。

2)机场基准点和升降带

机场的升降带以细短虚线标绘在平面图中,如果机场基准点位于跑道上或升降带内,会在平面图中以 ARP 符号标注，如图 8-2 所示。

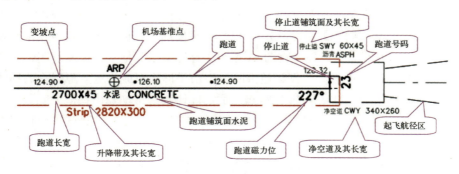

图 8-2　机场障碍物图-A 型平面图节选

3）起飞航径区

由于天气的影响及设备和飞行员操作误差，航空器不可能严格地保证在起飞标称航迹上飞行。为了保证飞行安全，在起飞标称航迹两侧规定一个区域，正常情况下，航空器不会偏出此区，该区域称为起飞航径区。起飞航径区是以起飞标称航迹在地面的正射投影为对称轴，在地面划定的一个对称区域。起飞航径区起始于起飞离场末端（跑道端或净空道端（如设有净空道）），起始宽度为 180 m，以此宽度为基准，按 25%D 的扩张率增至 1 800 m，D 为该点至起飞航径区起点的距离，起飞航径区终止于无重要障碍物的一点，或至 10 km（5.4 NM）的距离，以较短者为准。起飞航径区的范围如图 8-3 所示。起飞航径区在平面图上以虚线进行标绘，如图 8-2 所示。

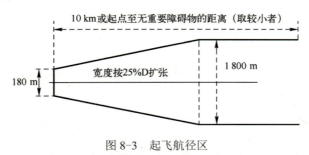

图 8-3　起飞航径区

4）重要障碍物

障碍物分为人工障碍物、自然障碍物和活动障碍物。人工障碍物包括烟囱、高压输电线、无线电发射电塔、通信线电杆、锥形物、塔形建筑和楼房等；自然障碍物包括大树、地形点（山头）、独立石和穿透航径区障碍物鉴别面的地形等。活动障碍物包括船舶、汽车和火车等。

在平面图中并不描绘所有的障碍物，只是标绘重要障碍物。重要障碍物是指在起飞航径区内，穿透与起飞航径区起点相同的 1.2% 坡度面的障碍物。在平面图中会以符号标绘重要障碍物的信息，包括：每一重要障碍物的确切位置及表示障碍物类别的符号；每一重要障碍物的标高和识别编号。

起飞航径区内的重要障碍物将在其身后产生阴影，此阴影是以障碍物的顶端为起点的一个面，称为障碍物阴影面。当障碍物距离起飞航径区起点的距离小于 300 m 时，障碍物阴影面为一个水平面,该水平面从障碍物的顶端开始向后延伸至下一个较高的障碍物或与 1.2% 的梯度面相交而终止;当障碍物距离起飞航径区起点的距离大于 300 m 时,障碍物阴影面为一个坡度面,该坡度面从障碍物的顶端开始以 1.2% 的梯度向上延伸。重要障碍物及重要障碍物产生的阴影如图 8-4 所示。机场障碍物图-A 型中不标绘处于其他重要障碍物阴影面之下的障碍物。但是如果产生阴影的重要障碍物被拆除,则由于拆除而成为重要障碍物的物体会在机场障碍物图-A 型中标出。如果穿透 1.2% 坡度面的障碍物是运动障碍物,如船只、车辆等,同样认为是重要障碍物,但运动障碍物不产生阴影。但是图中会标绘穿透障碍物阴影面的重要障碍物。

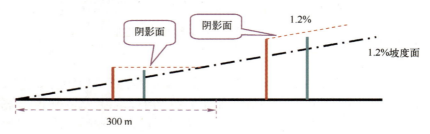

图 8-4 重要障碍物及其阴影

在平面图中会标注每一重要障碍物的准确位置、符号、标高和编号,如图 8-5 所示。为节省图幅,平面图中航径区以内远处孤立的重要障碍物如图 8-6 所示。

图 8-5 平面图中的障碍物　　　　图 8-6 平面图中航径区以内远处孤立的重要障碍物

平面图中障碍物符号见表 8-1。

表 8-1 平面图中障碍物的符号

名称	单棵树	铁围杆	建筑物	山	天线杆、高压线铁塔
符号	✳	T~T~T	■	▲	⊙
名称	高压线	悬崖	铁丝网	铁路	穿透障碍物面地形
符号	T~T~T	▼▼▼▼	×-×-×	▬▬▬	(地形图)

2. 剖面图

机场障碍物图-A 型的剖面图位于全图的上半部,为跑道、停止道、净空道及起飞航径区内障碍物的一个侧视图。剖面图中包括的航图要素为:跑道、停止道、净空道、起飞航径区

1.2%坡度面和重要障碍物，另外剖面图上会在除跑道外的整个剖面图上标注剖面图坐标网格，如图 8-7 所示。

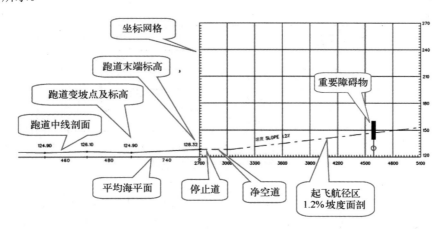

图 8-7　剖面图节选

1）剖面图坐标网格

坐标网格水平坐标的零点为跑道可用起飞距离的起点，垂直坐标的零点为平均海平面，垂直网格以 30 m 为间隔，水平网格以 300 m 为间隔。

2）跑道、停止道和净空道

在剖面图上以粗实线表示跑道中线剖面，并在图上标注有跑道两端标高和变坡点标高。以虚线标绘与跑道关联的停止道和净空道。

3）起飞航径区 1.2%坡度面

在剖面图上以细长短虚线表示起飞航径区 1.2%坡度面的剖面，该剖面开始于起飞航径区的起点。

4）重要障碍物

在剖面图上以实心垂线表示障碍物，同时会给出障碍物的编号，如图 8-8 所示。对于穿透 1.2%梯度面的地形以图 8-9 表示，图中会以粗虚线画出活动障碍物的活动范围。

图 8-8　剖面图中的障碍物

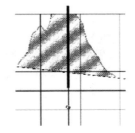

图 8-9　剖面图中的大面积地形

3. 公布距离

机场障碍物图-A 型中会给出各条跑道的公布距离即可用起飞滑跑距离、可用起飞距离、可用加速停止距离和可用着陆距离。跑道公布距离的定义如下，其示意图如图 8-10 所示。

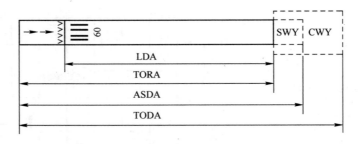

图 8-10　公布距离示意图（以 09 号跑道为例）

可用起飞滑跑距离（TORA）：公布的可用于航空器起飞时进行地面滑跑的跑道长度。

可用起飞距离（TODA）：可用起飞滑跑距离加上如设有净空道时净空道的长度。

可用加速停止距离（ASDA）：可用起飞滑跑距离加上如设有停止道时停止道的长度。

可用着陆距离（LDA）：公布的可用于并适用于航空器着陆时进行地面滑跑的跑道长度。

机场障碍物图-A 型中跑道公布距离以图 8-11 所示的形式公布。当跑道一个方向不能使用而不提供公布距离时，该跑道的公布距离处会注明"不能用于起飞"、"不能用于着陆"、"不能用于起飞和着陆"或注上简语"NU"。

跑道 RWY 05	运行数据 OPERATION DATA	跑道 RWY 23
2700	可用起飞滑跑距离 TAKE-OFF RUN AVAILABLE	2700
3040	可用起飞距离 TAKE-OFF DISTANCE AVAILABLE	2820
2760	可用加速停止距离 ACCELERATE STOP DISTANCE AVAILABLE	2760
2700	可用着陆距离 LANDING DISTANCE AVAILABLE	2700

图 8-11　图中的跑道公布距离（跑道 RWY：05-23）

4. 特殊情况

1）较低的起飞航径梯度

在正常情况下，起飞航径梯度为 1.2%，起飞航径区的最大长度为 10 km，但有的机场对使用小于 1.2% 起飞航径梯度运行限制的航空器开放，那么起飞航径梯度则相应降至 1.0% 或更小。采用小于 1.2% 起飞航径梯度时，起飞航径区的长度必须增加，从航径区起点处的 180 m 按 25%D 增加至 1 800 m 后，保持此宽度延伸至 12 km。

2）弯曲航径

当起飞航径区内存在包括高地在内的障碍物时，可能会在起飞程序中规定一个转弯。在这种情况下，起飞航径区的中心不在跑道中线延长线上，而处于弯曲航径之上。平面图中会标出转弯半径和从跑道头至弯曲线的中心的距离。从跑道头至弯曲部分的障碍物的距离为沿航迹至航迹与实际障碍物的垂线的交点的距离。

8.1.2 制图标准

1. 结构

机场障碍物图-A 型（运行限制）由以下几部分组成。

（1）平面图。包括航空、地理要素及水平线段比例尺。航空要素包括升降带及以内的跑道、滑行道、停止道，净空道，起飞航径区和起飞航径区内的重要障碍物；地理要素包括地物、地貌和重要自然障碍物。

（2）剖面图。包括跑道剖面、净空道剖面、跑道两端标高、重要的跑道变坡点标高及相应的分段坡度、净空道末端标高、起飞航径区垂直剖面的坐标网格，1.2%（或一个特别批准的梯度）坡度线、重要障碍物和垂直线段比例尺。

（3）公布可用距离表。此表位于剖面图的跑道剖面上方的中央，按跑道公布可用起飞滑跑距离（TORA）、可用起飞距离（TODA）、可用加速停止距离（ASDA）、可用着陆距离（LDA）。

（4）图例表。表中对图中主要要素的符号予以说明。

（5）修订表。表内有序号、日期和修订人。

（6）图框内、外注记和图内必要的说明。一般水平比例尺应在 1∶10 000～1∶15 000 之间。如由于印刷方面的原因，需要缩小比例尺以加快出版速度，可以采用 1∶20 000。垂直比例尺必须是水平比例尺的 10 倍；如水平比例尺为 1∶15 000，则垂直比例尺应为 1∶1 500。

2. 精度和制图计量单位

跑道、停止道、净空道的水平长度及各个道面的标高应精确到 0.5 m。由于测量和制图的误差，水平距离允许误差为：对于图上作业量取的起飞航径区，起始点的误差为 5 m，以每增 500 m 的距离，误差递增 1 m；垂直距离允许误差为：第一个 300 m 的误差为 0.5 m，以后每增加 1 000 m 高度，误差递增 1 m。

该图使用公制和英制。公制用米（m）表示，英制用英尺（ft）表示。

3. 编绘准备工作

1）资料收集

应根据编图范围收集以下资料：机场测量资料，包括 1∶2 500 或 1∶5 000 或 1∶10 000 的竣工图；有关部门编绘的机场障碍物图-A 型（运行限制）和机场障碍物图-B 型；机场障碍物资料和障碍物限制面图；相应比例尺的地形图。

2）起飞航径区的确定及障碍物分析

确定起飞航径区的位置及形状，分析出起飞航径区内的重要障碍物，应根据起飞跑道号从航径区起端向远处按磁方位从小到大顺序对起飞航径区中的重要障碍物进行编号。应按比例绘出起飞航径区平面图中的障碍物。孤立而较远的障碍物可用适当的符号和箭头表示，而不必增加图幅。但应注明该障碍物距跑道远端的距离和方位及该障碍物的标高。

3）确定图幅尺寸

应根据跑道的长度和障碍物分布情况确定制图比例尺；以原始资料为基础，研究航径区平面图的地物、地貌等要素和障碍物分布情况，确定在图上表示的程度。对于图幅的尺寸，当跑道短、障碍物少时，图幅长度可缩小；跑道长、障碍物多且复杂时，图幅表示范围应延伸到 10～12 km 处。当有转弯起飞航径区时，图幅宽度应适当加宽。

4）地物、地貌等要素的取舍

当航径区平面图由 1∶10 000 大比例尺缩小成 1∶15 000 或更小比例尺时，应考虑等高线和地物的取舍，保留具有航空定位和高度意义的地物、地貌。

4. 平面图的编绘

1）航空要素

跑道长度和宽度均应按比例尺绘出，用粗实线表示。应注记跑道尺寸、编号、道面重量、跑道入口和跑道变坡点的标高。如果 ARP 位于跑道上或位于升降带内，则应在图上绘出 ARP 符号。升降带应用细短虚线绘出。升降带内滑行道的边界应用粗实线标绘。停止道应用细短虚线绘出。净空道的边界应用细虚线标绘，并注记有关数据。

起飞航径应用点划线标绘，起飞航径区边界应用细虚线标绘。采用转弯起飞航径区时，应标出转弯后弯曲部分外面和附近地区的障碍物。转弯起飞航径区应标明转弯点位置、转弯点至起飞航径区起点的距离、转弯圆心和转弯半径。转弯起飞航径区的图上应增加注记，以说明需要转弯离场的重要性。

例如，"直线离场的前方有高山（或是高大建筑物密集地区或禁航区）需要转弯离场"。

2）使用等高线法来表现起飞航径区内的地形、地貌

平面图内各要素的绘制，应从起飞航径区的开始端至该图的起飞航径区的终端。地形要素应在边线外 5 mm 以内的范围描绘。凡是穿透起飞航径区 1.2%（或一个特别批准的梯度）坡度面以上的山顶，应采用加粗线描绘其与坡度面相交的边线，还应用等高线法表示该边线以内的地形。等高线应以整百米或整千米注记，整个限制面内的等高线注记不宜过密，宜从山顶数第一或第二条计曲线注记，字头总的方向朝北、朝山顶方向。最高的山顶应有标高注记。

3）障碍物

平面图中应描绘重要障碍物，并注记其标高和编号。高压线特别是横穿起飞航径区的高压线，构成航空器无法目测的障碍物，应注意描绘其走向。

4）国境线

在航径区内出现国境线，应按照 2.2.4 节国境线的要求绘出。如果是转弯起飞航径区，位于航径区附近的国境线，应绘出能表达国境线基本走向与航径区关系的部分。

5）水平线段比例尺

平面图的下方应绘制公制和英制对照水平线段比例尺。比例尺为 1∶10 000、1∶15 000 或 1∶20 000。

5. 剖面图的编绘

1）剖面图位置与比例

剖面图位于与平面图比例相对应的上方适当位置。剖面图的水平比例尺与平面图比例尺相同，垂直比例尺为水平比例尺的 10 倍。应在剖面图的一侧绘制公制和英制对照的垂直线段比例尺。

2）剖面图坐标网格

可用起飞距离的起点作为水平坐标网格起点，水平坐标网格从起飞端每 300 m 的距离为一格，每一格划分 10 个小格，每一小格代表 30 m。跑道部分不绘，从跑道末端开始。垂直坐标的零点应为平均海平面，水平坐标的零点应为离有关起飞航径区最远处的跑道头。表示间隔划分的刻度应沿网格底线和垂直边缘划分。剖面网格应在除跑道以外的整个剖面图上绘出。因受图幅限制，不能用标准海平面为基准面时，应使用假定基准面，并应说明所使用基准面的标高。

3）跑道、停止道、净空道剖面

根据跑道两端入口标高、跑道坡度，用粗实线绘出跑道剖面图。并在跑道划线上方注记跑道两端和变坡点的标高。停止道、净空道在垂直坐标网格内，根据道面标高，用粗虚线绘出。

4）重要障碍物的标绘

平面图上的障碍物应是剖面图上的垂直投影。如果自然障碍物是穿透 1.2% 梯度（或一个特别批准的梯度）障碍物鉴别面的山顶，并已构成重要障碍物，应用细实线画出其范围和体积，体积范围内应套以网目表示。活动障碍物物体穿过起飞航径区构成重要障碍物时，应用粗虚线画出范围，活动障碍物不产生阴影。1.2%（或一个特别批准的梯度）梯度线的起点从可用起飞距离的终点开始，用细长短虚线绘出。

5）注记

应绘制障碍物编号和坡度注记，障碍物编号：在障碍物标志下方的细实线中部，应用符号对障碍物进行编号注记。坡度注记：沿坡度线注记在大致中间部位的空白处。

6）公布跑道可用距离表

应在剖面图的跑道上方空白处绘制跑道可用距离表，并用中、英文公布每条跑道的每个方向的可用距离：可用起飞滑跑距离、可用起飞距离、可用加速停止距离、可用着陆距离。当跑道入口内移，可用距离变化时，应予以说明。如果某一方向不能使用，则应注明。

6. 图例表

应位于图框线内左下角，其项目包括障碍物编号、障碍物的种类和使用符号。图例应按航图图式绘制，并加以说明。

7. 修订记录表

当图内要素发生变化时，应对图进行修订并填写修订记录表。修订记录表应有修订项目、修订日期和修订人。

8. 图框注记

图框上方应注记图名、地名、机场名和四字代码；计量单位应注记在图框外的左上角；应注记磁差；应注记出版单位、出版日期、生效日期和图的编号。

8.2 机场障碍物图-B 型

机场障碍物图-B 型图主要描述附件 14 规定的障碍物限制面及穿透该限制面的障碍物。

机场障碍物图-B型的主要作用体现在以下几个方面：①确定包括目视盘旋程序在内的最低安全高；②确定在起降阶段发生紧急情况时所使用的程序；③主要是根据附件14面规定的障碍物限制面将机场周围的空域根据航空器运行的需要划分成不同的区域，并对区域内障碍物加以限制，防止由于机场周围的障碍物而影响了机场的使用。

本图属于非强制性提供的航图。制图部门根据机场的环境来确定是否制作本图。但是，在图上所需标绘的资料，对保证机场对航空器运行安全的许多部门来说是必不可少的。本图的比例尺应在1∶10 000、1∶15 000或1∶20 000。

8.2.1 图幅布局及航图要素

如图8-12所示（请扫描本章二维码），机场障碍物图-B型主要包括平面图、图例表、修订表及图框内、外注记和图内必要的说明。

1. 平面图

因为机场障碍物图-B型可以作为其他航图制作的基础，因此包含的内容较为丰富，平面图中描述的主要要素有以下几个方面。

1）机场平面

机场是建立目视飞行的最好地标。在紧急情况下，它更是必不可少的，既能引导飞行员了解自己所在位置与跑道的关系，进行目视着陆，又能告知飞行员应如何避开机场内的建筑物，因此在图中会描述包括跑道、滑行道、停止道、净空道、航空器活动区及与机场连接的部分进场路。跑道、停止道和净空道是航空器起飞和着陆时使用的，在紧急情况发生时，它们的各种数据和道面性质就显得更加重要。同时为了绘制其他航图提供充足的数据，在图中会详尽地标注各种道面的有关资料。

2）升降带

升降带是跑道两侧一定范围的一个指定区域，此区域与航空器的起飞、着陆有着密切的关系。因此，机场在修建过程中，除必需的设施和建筑外，其他物体应全部拆除，在图中会标出升降带的轮廓。

3）障碍物限制面

在机场障碍物图-B型中描述障碍物限制面，对于非仪表跑道和非精密进近跑道会描述：外水平面、内水平面、锥形面、过渡面和进近面；对于精密进近跑道还会增加内过渡面、内进近面和复飞面；用于起飞的跑道会绘制起飞爬升面。

4）地形及障碍物

地形、地物是建立目视盘旋的重要要素，同时也是制定紧急程序需要考虑的主要因素之一。机场周围充满了各种地形、地物，它们是无法也没有必要全部表示在图上。应经过取舍，将与制图目的有关的障碍物表示出来。本图需要表示的地形、地物主要有以下几个方面的内容：穿透障碍物限制面的重要障碍物，它们直接影响到飞行的最低安全高度；与机场有关的建筑物和突出地形，它们对于制定紧急程序有密切关系，也影响到目视盘旋飞行；在起飞和进近区内离跑道端600 m以内的公路、铁路，它们是制作其他航图的基础。

2. 其他

在机场障碍物图-B 型的左或右下角会描述图例表和修订表，粗线图框外有图名、地名、机场名、跑道号、出版单位、出版日期、生效日期和图的编号等注记，图中还会描述磁北、磁差、经纬网格等定位信息以及计量单位等必要的说明，如图 8-12 所示。

3. 障碍物限制面（附件 14 面）

为了保证航空器的起降安全和机场的正常使用，根据使用航空器的特性和助航设备的性能，对机场及其附近一定范围规定了几种净空障碍物限制面，用以限制机场周围障碍物的高度。由于障碍物限制面是在《国际民用航空公约》附件 14 中规定的，因此又叫附件 14 面。障碍物限制面的大小取决于跑道的类别和进近类型。

障碍物限制面包括进近面、过渡面、内水平面、锥形面、外水平面、起飞爬升面以及用于精密进近跑道的内进近面、内过渡面、复飞面，如图 8-13 所示。

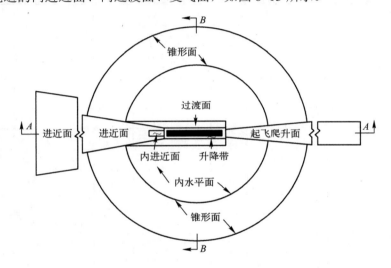

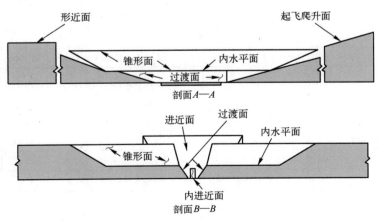

图 8-13　障碍物限制面

1）内水平面

内水平面主要是根据目视盘旋进近程序的要求而确定的，是高出跑道 45 m 的一个平面，以跑道两端入口中点的平均标高起算,其范围以跑道两端入口中点为圆点,按表 8-2 规定的半径画出圆弧,用与跑道中线平行的两条直线与圆弧相切形成的一个近似椭圆形。例如,飞行区基准代码为 4 的仪表跑道,由表 8-2 可查到,内水平面半径为 4 000 m,高度 45 m(150 ft),是根据保证小型航空器在跑道两侧能够飞 150 m(500 ft)高度目视盘旋进近程序及超障余度 105 m(350 ft)的要求确定的。内水平面示意图如图 8-14 所示。

表 8-2　障碍物限制面的尺寸和坡度——进近跑道　　　　　　　单位:m

障碍物限制面及尺寸[①]		跑道运行的类型	非仪表跑道				非精密进近跑道				精密进近跑道		
											Ⅰ类		Ⅱ/Ⅲ类
			飞行区基准代码										
			1	2	3	4	1	2	3	4	1、2	3、4	3、4
锥形面	坡度(%)		5%	5%	5%	5%	5%	5%	5%	5%	5%	5%	5%
	高度		35	55	75	100	60	60	75	100	60	100	100
内水平面	高度		45	45	45	45	45	45	45	45	45	45	45
	半径		2 000	2 500	4 000	4 000	3 500	3 500	4 000	4 000	3 500	4 000	4 000
内进近面	宽度		—	—	—	—	—	—	—	—	90	120	120
	距跑道入口距离		—	—	—	—	—	—	—	—	60	60	60
	长度		—	—	—	—	—	—	—	—	900	900	900
	坡度(%)		—	—	—	—	—	—	—	—	2.5%	2%	2%
进近面	内边长度		60	80	150	150	90	90	150	300	150	300	300
	距跑道入口距离		30	60	60	60	60	60	60	60	60	60	60
	侧边散开率(%)		10%	10%	10%	10%	15%	15%	15%	15%	15%	15%	15%
	第一段	长度	1 600	2 500	3 000	3 000	2 500	2 500	3 000	3 000	3 000	3 000	3 000
		坡度	5%	4%	3.33%	2.5%	3.33%	3.33%	2%	2%	2.5%	2%	2%
	第二段	长度	—	—	—	—	—	—	3 600[②]	3 600[②]	3 600[②]	3 600[②]	3 600[②]
		坡度	—	—	—	—	—	—	2.5%	2.5%	3%	2.5%	2.5%
	水平段	长度	—	—	—	—	—	—	8 400[②]	8 400[②]	—	8 400[②]	8 400[②]
	总长度		1 600	2 500	3 000	3 000	2 500	2 500	15 000	15 000	15 000	15 000	15 000
过渡面	坡度(%)		20%	20%	14.3%	14.3%	20%	20%	14.3%	14.3%	14.3%	14.3%	14.3%
内过渡面	坡度(%)		—	—	—	—	—	—	—	—	40%	33.3%	33.3%
复飞面	内边长度		—	—	—	—	—	—	—	—	90	120[⑤]	120[⑤]
	距跑道入口距离		—	—	—	—	—	—	—	—	④	1 800[③]	1 800[③]
	侧边散开率(%)		—	—	—	—	—	—	—	—	10%	10%	10%
	坡度(%)		—	—	—	—	—	—	—	—	4%	3.33%	3.33%

注:
① 除另有注明,所有尺寸均为水平度量。
② 可变的长度。
③ 距升降带端的距离。
④ 或距跑道端距离,两者取较小者。
⑤ 基准代字为 F 时,宽度增加到 155 m。

第 8 章 机场障碍物图

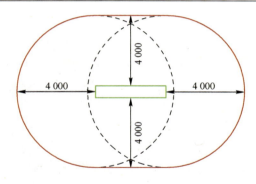

图 8-14 内水平面示意图

2）锥形面

锥形面是从内水平面的周边开始，以 5%的坡度向上和向外倾斜得到的。其外缘（顶边）标高由内水平面起算所增加的高度，见表 8-2。锥形面的坡度必须以与内水平面周边成直角的垂直平面来度量。

锥形面的界限由下列各边组成：一条与内水平面周边重合的底边；一条位于高出内水平面规定高度的顶边。锥形面是内水平面与外水平面之间的一种形状似锥形的过渡面，也可供航空器作目视盘旋用。锥形面的尺寸，是根据航空器沿目视盘旋进近程序平行跑道方向飞行时，与飞行高度相同的障碍物有足够的距离来确定。例如，飞行区基准代码为 4 的 II 或III类精密进近跑道，由表 8-2 可查到，锥形面坡度为 5%，高度为 100 m。则锥形面的水平宽度为 100/5%=2 000 m，即锥形面为内水平面开始向外向上延伸 2 000 m 范围内的一个过渡面。锥形面示意图如图 8-15 所示。

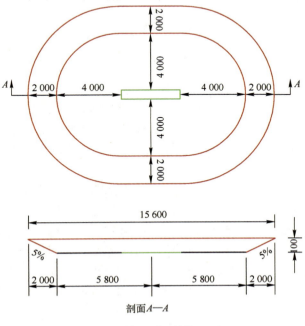

图 8-15 锥形面（单位：m）

3）进近面

进近面是由跑道入口前的一个倾斜平面或几个倾斜平面的组合面。进近面的起端从升降带末端开始，分为三段，第一段和第二段为向上向外倾斜的斜面，其坡度见表 8-2，第三段为水平段。内边（起端边）垂直于跑道中线延长线，其标高等于跑道入口中点的标高，两侧边由内边两端向外散开。进近面外边平行于内边。进近面内边宽度、侧边散开斜率及进近面长度均见表 8-2。

进近面的界限由下列各边组成：一条内边，水平并垂直于跑道中线延长线，且位于升降带末端；两条侧边，以内边的两端为起点，由跑道中线延长线均匀地以规定的散开率斜向外散开；一条外边，平行于内边。

例如，对于飞行区基准代码为 4 的 II 或 III 类精密进近跑道，由表 8-2 可查到，进近面总长度为 15 000 m，侧边散开率为 15%，第一段坡度为 2%，长度为 3 000 m，则第一段末端高度为：3 000×2%=60 m，进近面末端宽度为：2×15 000×15%+300=4 800 m，末端高度为 60+3 600×2.5%=150 m。进近面示意图如图 8-16 所示。

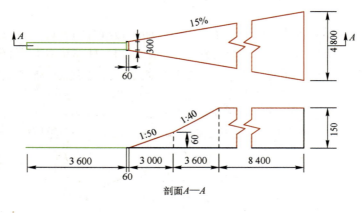

图 8-16 进近面

4）过渡面

过渡面是从升降带两侧边缘和进近面的部分边缘开始，按表 8-2 规定的坡度向上向外倾斜，直到与内水平面相交的复合面。沿进近面两侧的过渡面底边上每一点的起算标高为进近面上该点的标高；两侧边缘过渡面底边上每一点的起算标高等于跑道中线或其延长线上距该点最近一点的标高。

过渡面是根据保证航空器正常复飞时的安全要求确定的，目的在于保证航空器进近至着陆操纵的最终阶段应有的净空区域。例如，对于飞行区基准代码为 4 的 II 或 III 类精密进近跑道，由表 8-2 可查到，过渡面的坡度为 14.3%，进近面第一段坡度为 2%，两侧边散开率为 15%，则在位于升降带末端的过渡面的宽度等于两侧边散开宽度与起始宽度之和，即 2×45×7+300= 930 m（100/14.3≈7）。而与进近面相交的过渡面至升降带底边的距离为：45×50=2 250 m，至跑道一端的距离为 2 250+60=2 310 m。此时，进近面的宽度为 2×2 250×15%+300=975 m。由此可见，过渡面也是一个复合平面。过渡面示意图如图 8-17 所示。

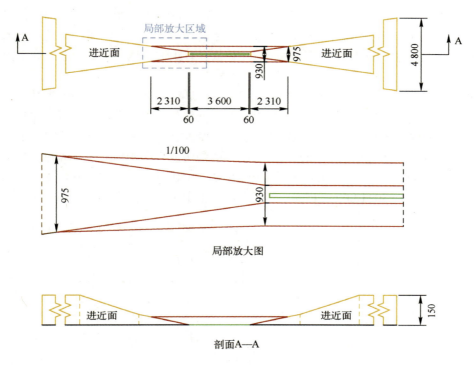

图 8-17 过渡面示意图

5）内进近面

内进近面用于精密进近跑道，是进近面中紧靠跑道入口前的一块长方形区域。内进近面的边界由下列各边组成：一条内边，与进近面内边位置相重合，但其长度按表 8-2 规定；两条侧边，由内边的两端起始，平行于包含跑道中线的垂直平面向外伸长；一条外边，平行于内边，其长度与内边相等。

例如，飞行区基准代码为 4 的 II 或 III 类精密进近跑道，由表 8-2 可查到，内进近面长度为 900 m，坡度为 2%，则内进近面高度为：$900 \times 2\% = 18$ m。内进近面示意图如图 8-18 所示。

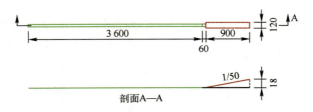

图 8-18 内进近面

6）复飞面

复飞面用于精密进近跑道，位于跑道入口之后，在两侧内过渡面之间延伸的梯形斜面。复飞面的界限由下列各边组成：内边是一条位于跑道入口之后规定距离，且垂直于跑道中线的水平线；两条侧边，以内边的两端为起点，且从含有跑道中线的垂直平面以规定的比率均匀地向外扩展；外边，平行于内边，并位于内水平面内。

例如，对于飞行区基准代码为 4 的 Ⅱ 或 Ⅲ 类精密进近跑道，由表 8-2 可查到，复飞面坡度为 3.33%，是全部发动机工作情况下航空器复飞允许的最低爬升坡度；复飞面起端距跑道入口 1 800 m，是考虑航空器着陆未成的复飞起点在接地地带灯的终点处（距跑道入口 900 m），加上平飞加速 15 秒的距离（900 m）而得。复飞面侧边散开率 10%，起端宽度 120 m，则复飞面的长度为：45/3.33%=1 350 m，末端宽度为：2×1 350×10%+120=390 m，复飞面末端距跑道入口的距离为：1 350+1 800=3 150 m。复飞面示意图如图 8-19 所示。

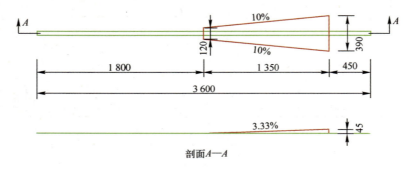

图 8-19 复飞面示意图

7）内过渡面

内过渡面与过渡面相似，但更接近跑道，用于精密进近跑道。内过渡面的界限由以下各边组成：底边，从内进近面上末端起，沿内进近面的侧边向下延伸到该面的内边，从该点延升降带平行于跑道中线至复飞面的内边，然后再从此点沿复飞面的侧边向上至该边线与内水平面的交点为止；顶边，位于内水平面的平面上，即由底边各点向上向外（向跑道两侧）倾斜，直到与内水平面相交而得，倾斜坡度见表 8-2。

内过渡面的作用是限制那些必须设在跑道附近的助航设备、航空器、车辆等物体，除了易折装置的物体外一概不得高出这个限制面。例如，对于飞行区基准代码为 4 的 Ⅱ 或 Ⅲ 类精密进近跑道，由表 8-2 可查到，内过渡面的坡度为 1/3，则内过渡面的宽度为：45×3×2+120=390m，其中一侧的宽度为：390/2=195 m。内进近面坡度为 2%，长度为 900 m，则进近面末端的竖直高度为：900/50=18 m。因此，在内进近面末端处的内过渡面还未到达内水平面高度时，应仍继续向两侧向上散开，则内进近面末端处的内过渡面宽度为：(45-18)×3×2+120=282 m，其中一侧的宽度为：282/2=141 m。复飞面坡度为 3.33%，侧边散开率 10%，末端宽度为：2×1 350×10%+120=390 m，高度为 45 m，则内过渡面在复飞面一侧和内水平面的交点与复飞面和内水平面的交点为同一点。内过渡面示意图如图 8-20 所示。

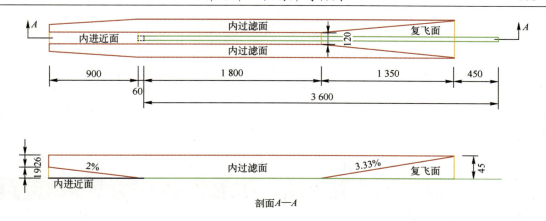

剖面A—A

图 8-20 内过渡面示意图

内过渡面、内进近面和复飞面及与这些面邻接的部分升降带上的空间称为无障碍物区（Obstacle Free Zone，OFZ）。在 OFZ 内，除轻型易折助航设备外，不得存在固定物体，并当跑道用于航空器进近时，不允许有移动的物体高出这些限制面。

8）外水平面

外水平面为距机场中心 15 000 m 半径范围内高出机场标高 150 m 的水平面。一般认为，凡是高出外水平面的物体即被认为是障碍物，除非经过专门的航行研究表明它们不会危及飞行安全。外水平面示意图如图 8-21 所示。

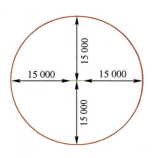

图 8-21 外水平面

9）起飞爬升面

起飞爬升面是供起飞所用跑道必须设置的，在起飞跑道端或净空道外端的一个向上的梯形斜面。起飞爬升面的作用是保证航空器在起飞和复飞时，能与建筑物保持足够超障余度，防止飞行事故的发生。航空器的起飞首先从松开刹车加速滑跑到离地 35 ft（10.7 m）安全高度，该段称为起飞段，然后再从 35 ft（10.7 m）爬升到 450 m 或完成起飞到航路的转变并达到规定的爬升梯度和速度，该段称为起飞爬升段。起飞段由跑道及净空道（设有时）来保证飞行安全，起飞爬升段由机场净空保证飞行安全。

起飞爬升面的界限由下列各边组成：内边是一条垂直于跑道中线的水平线，位于跑道端外规定距离处或净空道末端（当净空道长度超过上述规定距离时）；两条侧边，以内边的两端为起点，从起飞航迹以规定的比率均匀地扩展到一规定的最终宽度，然后在起飞爬升面剩余长度内继续保持这个宽度;外边为一条垂直于规定的起飞航迹的水平线。

例如,飞行区基准代码为 4 的 II 或III类精密进近跑道,由表 8-3 可查到,起飞爬升面的两侧散开率为 12.5%,坡度为 2%,总长度为 15 000 m,取末端宽度 1 200 m,则起飞爬升面的两侧散开段的长度为:[(1 200-180)/2]/12.5%=4 080 m,等宽段的长度为:15 000-4 080=10 920 m,而起飞爬升面末端的高度为 15 000×(2%)=300 m。起飞爬升面示意图如图 8-22 所示。

表 8-3 起飞爬升面的尺寸和坡度——起飞跑道 单位:m

起飞爬升面尺寸[1]	飞行区基准代码		
	1	2	3 或 4
起端宽度	60	80	180
距跑道端距离[2]	30	60	60
两侧散开斜率	10%	10%	12.5%
末端宽度	380	580	1 200[3] (或 1 800)
总长度	1 600	2 500	15 000
坡度	5%	4%	2%[4]

注:
[1] 除另有注明,所有尺寸均为水平度量。
[2] 设有净空道时,如净空道的长度超出规定的距离,起飞爬升面从净空道端开始。
[3] 在仪表气象条件和夜间目视气象条件下飞行,当拟用航道含有大于 15°的航向变动时,采用 1 800 m。
[4] 如机场当地的海拔和气温与标准条件相差悬殊时,应考虑将起飞爬升面的坡度酌予减少。如现实情况并不存在超过 2%起飞爬升面的障碍物,则应在起飞爬升面的起始 3 000 m 范围内维持现有的实际坡度或降至 1.6%的坡度。

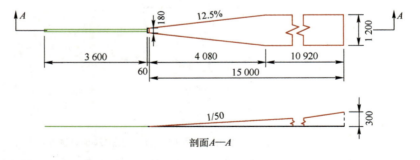

图 8-22 起飞爬升面

8.2.2 制图标准

1. 结构

机场障碍物图-B 型由以下几部分组成:

平面图:包括 ICAO《国际民用航空公约》附件 14 和《民用机场飞行区技术标准》MH 5001—2006 规定的障碍物限制面、航空要素和地理要素及障碍物和坐标网格,以及水平线段

比例尺;

图例表:表中对图中主要要素的符号予以说明;

修订表:表内有序号、日期和修订人;

图框内、外注记和图内必要的说明。

2. 精度和制图计量单位

机场障碍物图-B 型的精度和制图计量单位的要求与机场障碍物图-A 型的精度和制图计量单位相同。

3. 编绘准备工作

收集机场周围测绘的 1:10 000、1:20 000 或 1:25 000 比例尺地形图,这些地形图宜在机场障碍物图-B 型的成图范围内,或收集 1:2 500、1:5 000 和 1:10 000、1:20 000 或 1:25 000 地形图,如果这些图是机场建成之前的版本,应根据机场图和有关机场竣工资料进行转绘;收集有关部门编绘的机场障碍物限制面图设计图;收集有关部门编绘的机场障碍物图-A 型(运行限制)设计图;收集机场障碍物原始图、表资料;收集有关部门编绘的机场图。

4. 平面图的编绘

1)绘制平面图的选择

应保留底图的所有地物和地形,添加航空要素和需要标绘的重要障碍物,同时描绘突出障碍物限制面的地形底边;有选择性地选取与机场有关系的建筑物和突出地形;可使用数字化的电子地图进行以上两种工作。

2)绘制障碍物限制面

应绘制包括 ICAO《国际民用航空公约》附件 14 和《民用机场飞行区技术标准》MH 5001-2006 规定的所有障碍物限制面。这些限制面有升降带、过渡面、内水平面、进近面和锥形面,以及限制梯度。还应绘制外水平面、起飞爬升面和精密进近跑道无障碍物区,即内进近面、内过渡面、复飞面和部分升降带等。如果主管当局已确定更低的重要障碍物,应以更低的限制面为准控制障碍物。当 ICAO Doc 8168-OPS/611 文件所规定的飞行程序使用的评价面具有障碍物限制面意义时,也可作为限制面控制障碍物的高度,但本图不必全部绘制评价面。

3)应绘制的其他要素

跑道的平面图应绘制包括跑道、滑行道、停止道、净空道、航空器活动区及机场连接的部分进场路。凡是穿透机场障碍物限制面的障碍物,都应作为重要障碍物标绘。因比例尺小,障碍物过密,难以标绘清楚时,应向要素稀疏的地方适当移位,但是不能失去实际的相关位置。应标绘穿透机场障碍物限制面,并作为重要障碍物的山体体积,使用粗实线标绘穿透限制面的底边。应在图上标绘用于进近和起飞的目视引导标志和航空地面灯光系统。应描绘机场障碍物限制面内地形地貌,如果锥形面内有重要障碍物需要标绘,应描绘包括紧靠锥形面外面的小部分外水平面的全部地形地貌,包含位于外水平面的重要障碍物;如果整图幅地形是选择性的描绘,而不是全部描绘地形地貌,则应保持最少的要素细节，选择与机场有关的地形地貌、居民地、有方位意义的水系和道路，以及超障的地形描绘。

5. 重要障碍物的编绘

凡是穿透机场障碍物限制面的障碍物均为重要障碍物，应全部标出。与机场障碍物图-A 型（运行限制）中标绘重要障碍物不同，机场障碍物图-B 型不采用阴影遮蔽原则，但是可使用新障碍物或扩展建高的物体被一个已经存在的不能移动的物体所遮蔽的原则，被遮蔽的障碍物可不标出，否则应作为重要障碍物标出。

因跑道两端入口标高有差异，升降带不是一个平面，确定重要障碍物穿透限制面的基准标高的原则为：①进近面和起飞爬升面以跑道入口和跑道末端的标高为准；②内水平面和锥形面选择基准标高；两端入口标高相差 2 m 以内的单条跑道，可选择一个共同的标高作为基准标高，否则应以较低的入口标高作为基准标高；如果是多条跑道机场，可选择本机场进近和起飞使用得最多的高度表拨正气压值的标高作为基准标高，或按单条跑道原则选择基准标高；③外水平面宜使用机场 ARP 标高为基准标高，或按内水平面基准标高确定原则。凡是高出基准标高 150 m 的，应被认为是重要障碍物；④一个障碍物位于几个限制面的重叠处，应以较低的限制面为准。

不同性质的障碍物使用相应的符号标绘，障碍物的符号旁边应有编号和高程注解。

6. 航空要素的编绘

（1）限制面。用 0.6 mm 的线绘制升降带、过渡面、内水平面、进近面、锥形面、起飞爬升面及精密进近跑道所设的无障碍物区（OFZ）。

（2）跑道中线延长线。在绘制进近面和起飞爬升面的同时应描绘跑道中线延长线，当绘制偏置的进近面和转弯的起飞爬升面时，同样绘出标称航迹线。跑道中线延长线应使用点划线绘制。

（3）活动区。机场范围的边界和净空道的边界应使用短虚线描绘；跑道边线应使用粗实线描绘；停止道边线应使用粗虚线描绘；滑行道和停机坪边界应使用实线描绘。

（4）机场基准点。机场基准点应使用专用符号表示。

7. 地形的编绘

（1）等高线应用 0.15 mm 的线绘制；限制面与地形的交线应使用 0.4 mm 的线划示。

（2）地形要素应用等高线法表示。

（3）绘制等高线可根据不同高差的地形、制图比例尺和地形复杂程度来决定等高线的取舍，可选择以下方法：描绘所有的等高线；只选绘计曲线，舍去首曲线；舍去所有的首曲线，计曲线隔一条选绘；每隔若干条计曲线或首曲线进行选绘，需按整数编绘，舍去其余等高线；当在基本首曲线之间采用内差法加密一条等高线时，可使用间曲线，首曲线和间曲线之间不应采用内差法加密等高线，但原底图上已有的助曲线可使用；应按相应比例尺地形图制图的国家标准绘制等高线。

（4）等高线应以整十米、整百米或整千米注记，整个限制面内的等高线注记不宜过密，从山顶数第一或第二条计曲线应注记，字头总的方向朝北、朝山顶方向。最高的山顶应有标高注记。

(5) 凡是高出图中的限制面的山顶,其底边应是水平等高度的或沿限制面倾斜不等高度的闭合曲线。除应加粗描绘底边边缘线,还应用等高线法表示该限制面以上的地形,粗线以内超出斜面部分应加晕线表示,但晕线不应覆盖等高线。

(6) 对于突出的地形,在必要时应标出其标高点,同时应注记其高程。

(7) 其他地形地貌要素应根据图式规范标绘。特殊地形地貌包括独立石、陡岸、悬崖、陡坡、沙丘等。

8. 地物的编绘

(1) 人工地物。应标绘水库坝区、堤、无线电发射铁塔、水塔和高压输电线等人工地物。限制面内的高压输电线构成无法目测的障碍物,应标绘高压输电线的走向。高于障碍物限制面的铁塔应作为障碍物描绘。

(2) 居民地。应绘出制图范围内重要城镇的轮廓,并在轮廓线内加绘斜线网纹,或加网点。由大比例尺缩小的底图应进行综合编绘制图,保留主要街区,尤其是衔接进出城镇主要道路的街区,突出高大建筑物,合并次要街区。综合后的外部形状不失真。应注意区分城镇与乡村。图内大的居民地应注记地名。

(3) 植被。应描绘树林、灌木丛、独立树等。成片的树林用相应符号绘制,应注记最高树的高度。所使用的符号或网纹应能反映植被种类。

(4) 水系。在机场障碍物限制面内水域使用描绘水涯线方法绘出,包括描绘海岸线。河流一般用双线表示,但图上长度小于 10 cm 的小河或沟渠,是明显地标,可用单线河流表示。当图上长度大于 10 cm 的河渠可用由不依比例尺绘制过渡到依比例尺绘制的双线河流。应在图中表示出图上面积大于 10 mm^2 的湖泊、水库。大的水系应注记名称。

(5) 道路。应按图示描绘机场周围 6 km 以内的道路,主要有高速公路、等级公路和铁路。高架道路的立交、公路与铁路上下通过关系应表示清楚,以便确定最高活动障碍物的性质和将会出现的大致位置与高度。

(6) 岛屿。图上面积大于 10 mm^2 的岛屿应予以标绘;小于或等于 10 mm^2、有特殊方位意义的孤岛也应标绘。图上面积小于 4 mm^2 的岛屿,可扩大到 4 mm^2 表示。

9. 国境线的编绘

在障碍物限制面内出现国境线,应按有关版图将国境线全部转绘出。如果是转弯的障碍物限制面,位于限制面外面附近的国境线,应绘出能表达国境线基本走向的部分。如果同时有两个或以上的国家或地区的边界线位于图幅内,应一一表达,并且在国境线的两侧分别注记国家名称。

10. 经纬网格

一般情况下,图中的纬线平行于横图框,经线平行于竖图框。采用上北下南图幅,使用 0.15 mm 的线绘制。为了节省图幅,经纬网格可与图框成一定的夹角。紧靠图框内侧注记经纬度。经纬网格的密度根据比例尺不同,可分为 1.5′、1′ 和 0.5′ 绘制并加以数字注记。

11. 其他

（1）注记：一般是字头朝北，等高线的高程注记字头一般朝向高处山顶，总体方向字头朝北。当经纬度与图框有夹角时，字头朝向图框上方。注记有跑道尺寸和编号、道面重量、跑道入口处的标高、ARP、符号与注记、停止道和净空道尺寸、障碍物编号和高度、地名、河流名称、等高线注记和标高点等。

（2）图例表和修订记录表：图例表和修订记录表公布于图框内左或右下角。

（3）障碍物一览表，见表 8-4。

表 8-4　障碍物一览表

编号	障碍物名称	高度/m	位于限制面	超过高度/m

（4）图框注记。用粗线绘制外边框。图框外注记有图名、地名、机场名、跑道号；计量单位应注记在图框外左上角；图中应绘制磁北符号和磁差；应注记出版单位、出版日期、生效日期和图的编号。

思考题

1. 机场障碍物图-A 型的作用是什么？
2. 参照图 8-23（请扫描本章二维码），假定在 06 号跑道的两个起飞航径区的交集内有一障碍物，该障碍物的水平坐标为 5100 m，高度为 36 m，请问该障碍物是否应该在机场障碍物图-A 型中绘制？
3. 机场障碍物图-B 型的作用是什么？
4. 非精密进近跑道的障碍物限制面包括哪几个？
5. 精密进近跑道的无障碍物区（OFZ）包括哪些面，对 OFZ 内障碍物的要求是什么？

第 9 章 精密进近地形图

所有具备了Ⅱ类或Ⅲ类精密进近条件、供民航使用的机场，都应制作精密进近地形图。精密进近地形图可提供在划定的最后进近阶段区域内详细的地形剖面资料，使航空器经营部门正确估计地形对利用无线电高度表来确定决断高度的影响。

9.1 图幅布局及航图要素

9.1.1 图幅布局

本图主要分为平面图和剖面图两部分，如图 9-1 所示（请扫描本章二维码）。平面图主要描绘地形等高线和地物的位置；剖面图描绘跑道中线延长线的地形剖面图及其制图区域内对无线电高度表读数有影响或对决断高度有影响的地形地物。精密进近地形图的制图范围为从跑道入口起，向外沿跑道中线延长线对称的一个 120 m×900 m 的区域。如果离入口 900 m 以外的地形为山区，或者地形对用图者有重要意义，则应增长制图范围，但最长不超过 2 000 m。

9.1.2 航图要素

1. 地形地物

（1）在平面图中，制图区域内标绘等高距为 1 m 的等高线及地物的位置，如图 9-2 所示。等高线以入口标高为基准，平面图中会标出与地面高差大于或等于 3 m，或可能影响无线电高度变化±3 m 的地物。

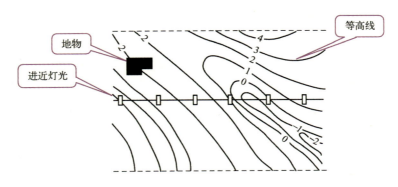

图 9-2 精密进近地形图平面图节选

（2）在剖面图中，用实线绘制跑道中线延长线上的地形剖面线。制图区域内的地形，如果在跑道中线延长线剖面上的垂直投影与地形剖面相差±3 m 以上,则用虚线绘出超过±3 m 的部分。此虚线可在空中终止,如图 9-3 所示。

(3) 在跑道中线延长线剖面上的垂直投影与地形剖面相差±3 m 以上的地物,用虚线在剖面图中绘出,并在平面图中用符号描绘,如图 9-3 所示。

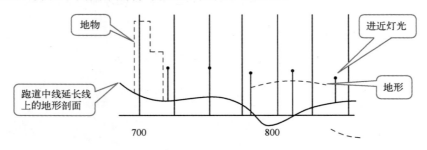

图 9-3　精密进近地形图剖面图节选

2. 活动障碍物

制图区域内的活动障碍物,如火车、汽车等。如果它们的高度与地形剖面线的高度相差超过±3 m,应在剖面图中用虚线标绘,并注明"活动障碍物"。在平面图上,应该绘出相应的铁路或公路,如图 9-4 所示。

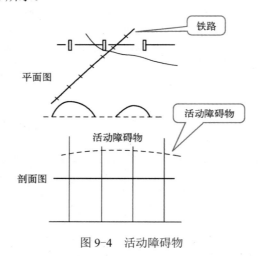

图 9-4　活动障碍物

3. 进近灯光设施

如果进近灯光设施的整个或部分与地形剖面线的高度相差±3 m,则在平面图中应将该设施在制图区域的部分全部标绘出,如图 9-2 所示。在剖面图中,会把与地形剖面线的高度相差超过±3 m 的那些进近灯光设施标绘出来。标绘出所有的符号应不影响对该图的判读效果,如图 9-3 所示。

4. 水域

在机场靠近水域的地方,当制图区域包含有潮水涨落影响的水域时,应把跑道延长线有关的潮水最大涨落情况标绘在图上。同时还应注上有关潮水涨落误差的警告,以便在潮水涨落范围内留有适当的余地,如图 9-5 所示。

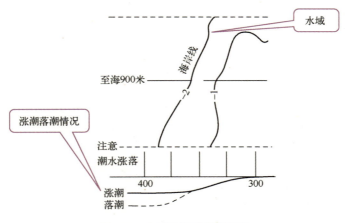

图 9-5 水域及涨潮落潮情况

5. 河道

如果制图范围内有水上运输河道，且河道与地形剖面相差±3 m，则应在平面图中将该河道表示出来。同时使用活动障碍物标绘方法，用虚线把可能来往于该河道上的最高船只的高度反映出来，并注明"活动障碍物"，如图 9-6 所示。

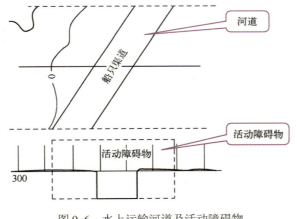

图 9-6 水上运输河道及活动障碍物

9.2 制图标准

9.2.1 图幅结构及制图范围

1. 图幅结构

精密进近地形图由平面图、剖面图、水平比例尺和垂直比例尺组成。

2. 制图范围

平面范围应为：跑道中线延长线两侧各 60 m 宽，从入口沿跑道中线至 900 m 长；剖面范围应为：从入口沿跑道中线延长线至 900 m 长的地形剖面，凡离开跑道入口 900 m 以远的地形为山区或对本地图使用有重要意义时，剖面图绘制范围可以超过 900 m，但不应超过 2 000 m。

9.2.2　编绘准备工作

1. 资料收集

根据编图范围收集测绘成果资料：1∶10 000 地形图、机场飞行程序设计报告中的"精密进近地形图"设计上报图纸、相关机场竣工图纸。

2. 原始资料测量

地形测量比例尺为 1∶1 000 至 1∶5 000。在原始资料测量时，应有 1～2 cm 接边资料。

3. 制图比例尺的确定

水平比例尺一般采用 1∶2 500，也可以根据制图范围选择合适的制图比例尺；当用水平比例尺 1∶2 500 制图，超过制图范围图幅过大时，可采用 1∶5 000 比例尺绘制。垂直比例尺采用 1∶500。

9.2.3　平面图的编绘

1. 平面图的范围

首先用虚线绘出 120 m×900 m 范围，同时用长点线标出跑道中线延长线。

2. 跑道

图上只标出从跑道入口向内 2 cm 长度即可，向进近方向标出跑道中线延长线至图幅结束。

3. 进近灯光系统

当进近灯光中有部分灯光与跑道中线延长线剖面的高度差超过 3 m 时，应标绘全部进近灯光。

4. 地形

入口前的地形应符合下列要求：跑道入口前至少 900 m，跑道中线延长线两侧各 60 m 以内的长方形地区的地形平坦，坡度变化不超过 2%；起伏变化平均高差不超过±1.5 m；单个地物不超过 1 m 台阶式的地形变化或物体的存在。

5. 等高线

平面图的地形按 1 m 等高距绘制等高线，等高线的注记以跑道入口标高为基准，高于跑道入口为正，注记数字不用标"＋"号，低于跑道入口标高为负，应在注记数字前标注"－"号。

6. 地物

自然地物和人工地物，如树木和植被、建筑、人工障碍物、输电线、栏杆和恒栅等，凡是高差大于或等于 3 m 的，或可能影响无线电高度变化±3 m 的地物都应在平面图中标出。

7. 水域

水域只描绘水涯线、水域区套 30%网点。

9.2.4　剖面图的编绘

以平面图的跑道延长线从跑道入口至 900 m 为纵剖面，与跑道延长线地形地物变化线为实线，两侧±3m 的地形、地物外轮廓用虚线。为了便于直观读取物体位置和高度，应首先确定剖面垂直坐标网络，水平坐标为 25 m 一格，垂直为 2 m 一格；水平坐标以跑道入口向跑道延长线水平延伸至 900 m，垂直坐标与跑道入口中心点垂直，以跑道入口中心点为原点，向上 16～18 m，向下 4～6 m。标称下滑道标绘在垂直坐标上，用虚线表示，并用中、英文注记，同时标明下滑角度。在入口的标称高度绘出下滑道（GP）的标称下滑线，长度为 3 m，并标注下滑角度，精确至 0.1°。

用 0.3 mm 的实线绘出跑道中线延长线的剖面图，直到距跑道着陆入口 900 m，如需要可到 2 000 m。如果全部进近灯光或部分灯光与跑道中线剖面的高差超过±3 m，应把与地形剖面线的高度相差超过±3 m 的那些进近灯光设施标绘出来。

应用短虚线在剖面图上绘出跑道中线延长线以外与中线延长线剖面高度相差±3 m 的地物。应用短虚线在剖面图上绘出活动障碍物，并应将活动障碍物整个活动范围绘在剖面图上，并注明"活动障碍物"。

应用符号注明高出跑道入口 3 m 的进近灯光。剖面图上应标注水涯线，水涯线在剖面图中应处于最低的位置，一般低于跑道入口。如果是海岸，应注上有关潮水涨落的误差警告，绘出涨潮和落潮的剖面，并注上"注意潮水涨落"字样。水平网格注记以跑道入口中心点为原点，每 100 m 注记；垂直网格坐标与跑道入口中心点垂直，以跑道入口中心点为原点，每 2 m 注记。

9.2.5 其他

1. 图例

应位于图框内的左下角。

2. 修订记录表

当平面图内的地形和障碍物变化超过±0.6 cm 时，应对图进行修订并记录。修订记录表内容应有修订项目和修订人。

3. 图框注记

图名注记在图框的外面中间位置。地名注记是指机场所在地。机场名注记在图框外的右上角。跑道号注记在图框外的右上角。出版单位注记在图框外的下面。出版日期注记在图框外的下面。生效单位注记在图框外的下面。计量单位注记在图框内。

思考题

1. 请叙述精密进近地形图的作用及适用性。
2. 请叙述精密进近地形图的制图范围。

第 10 章 ATC 监视最低高度图

为了使飞行机组能够监控和交叉检查管制员使用 ATS 监视系统指定的高度,国际民航组织建议已建立引导程序但又不能在区域图、标准仪表离场图或标准仪表进场图中清楚标绘最低引导高度时,需提供 ATC 监视最低高度图,本部分以《中华人民共和国航空资料汇编》中的图为例进行讲解。

10.1 图幅布局

本图主要分为标题、平面图和雷达引导程序说明三部分,该图按一定的比例尺绘制,以线段比例尺的形式标注,可以充分显示与引导程序相关的资料,如图 10-1 所示。

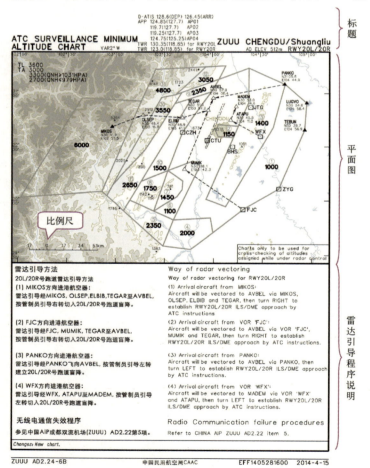

图 10-1 ATC 监视最低高度图

10.2 航图要素

1. 标题栏

ATC 监视最低高度图的标题中包括图的名称、磁差、通信频率、机场标高、适用的跑道号及城市名称和机场名称，如图 10-2 所示。

图 10-2　标题

2. 平面图

1）底图信息

（1）经纬网格。图廓线的内侧绘制经纬度刻度线，标有经纬度值，采用 30′ 的刻度间隔，如图 10-3 所示。

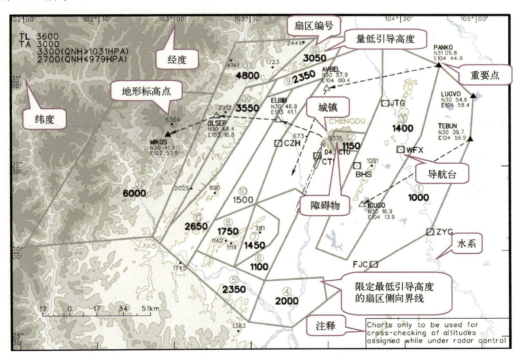

图 10-3　平面图

（2）地形和人工地物。平面图中使用灰色描绘地形、棕色描绘城镇、蓝色描绘水系。水系包括所有开阔的水域、主要湖泊和河流。平面图中会标出由程序设计人员指定的相关标高点和障碍物，如图 10-3 所示。

（3）注释信息。平面图中会描述使用该图应特别注意的事项，如图 10-3 中的注释信息，说明"该图仅用来交叉检查实施雷达管制时指定的高度"。

2）航空要素

（1）机场。在平面图中以跑道轮廓表示机场，跑道轮廓不按比例尺绘制，但跑道轮廓可以显示跑道方向，如图 10-3 所示。

（2）限制性空域。使用离场图中的描述方法标绘禁区、限制区和危险区及其识别名称。

（3）空中交通服务系统。平面图中会标出已建立的空中交通服务系统的组成部分，包括有关的无线电导航设施及其识别标志、与标准仪表离场和进场程序相关的重要点、最低监视引导高度、最低监视引导高度的扇区编号及侧向界线等资料，如图 10-3 所示。

在《中华人民共和国航空资料汇编》成都双流机场 ZUUU AD 2.22 Flight procedures 中的 4.2.2 节会给出最低监视引导高度的扇区侧向界线的坐标，见表 10-1。

表 10-1　最低监视引导高度扇区边界坐标

4.2.2 最低监视引导高度扇区/Surveillance Minimum　　Altitude Sectors	
Sector 1	ALT limit: 1000m or above
N311456E1042244-N305512E1042223-N304206E1041549-N304259E1040322-N303931E1040144-N303629E1040314-N303549E1041241-N300135E1035537-N295723E1040736-N304108E1043728-N310535E1044513-N305435E1045823-N303939E1045652-N300701E1044030-N295546E1041814-N294317E1035944-N295122E1035818-N295020E1033527-N302004E1035200-N302244E1034739-N301725E1033202-VOR'CZH'-N310130E1035910-N310852E1040359-N311456E1042244	
Sector 2	ALT limit: 1150m or above
N304206E1041549-N303549E1041241-N303629E1040314-N303931E1040144-N304259E1040322-N304206E1041549	

3. 雷达引导说明

在该图的最下方为雷达引导说明，如图 10-4 所示。图中注明无线电通信失效程序参见《中华人民共和国航空资料汇编》成都双流机场（ZUUU）AD2.22 第 5 项，见表 10-2。

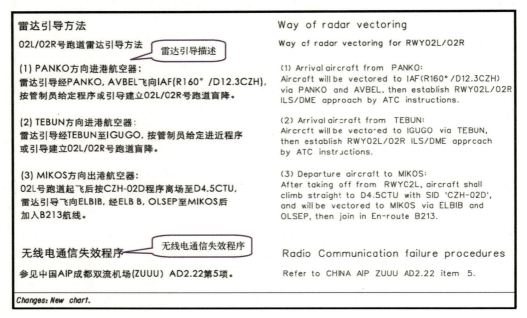

图 10-4　雷达引导说明

表 10-2 中的失效程序描述为：当通信失效时，应保持 ATC 最后指定的高度沿计划航路到进近管制区边界，然后进入进近管制区直飞'BHS'VOR 台，然后右转，盘旋下降至 2 400 m（QNH），第一次飞越'BHS'VOR 台后盘旋 10 min 停止，然后根据 ATIS 中风向风速的描述选择着陆跑道，严格遵循相关跑道的仪表进近程序实施进近。

表 10-2 通信失效程序

5. Radio communication failure procedures
5.1　When an airborne communication equipment failure is confirmed, keep the last altitude assigned by ATC on the planned route to the boundary of APP area, after entering into APP area, fly directly to Baiheshi VOR 'BHS', then turn RIGHT and circle down to 2 400 m(QNH), STOP circling 10 minutes after overflying "BHS" first time and choose to land on RWY 02L or 20R according to the ATIS information about wind speed and wind direction, strictly follow the relative RWY IAP.
5.2　Aircraft having passed through IAF happen to communication failure shall follow the relative RWY IAP to land.

思考题

请叙述 ATC 监视最低高度和扇区 MSA 的适用性。

第11章 航图应用

航空器从事空中交通运输活动时必须以航线数据为依据，而航线数据是由航空公司的情报部门提供，航空公司的情报人员根据航空情报资料为公司的航班计划制作航线数据，并按照公司的数据格式要求发送给相关部门，包括性能部门、签派部门和飞行机组等。

11.1 航线制作的原则

空中交通运输的目标是安全、快速地将客户和货物从一个地点转移到目的地。航空公司的情报部门在进行航线规划时，在遵循国际民航组织、中国民航局及本航空公司相关规定的前提下，必须考虑安全性和经济性。安全性是民航系统从事任何活动需要考虑的首要因素，影响民航运输安全的因素有很多，如设备因素、人为因素、环境因素、管理因素等。在进行航线规划时，应该充分考虑影响航线飞行安全的因素，尽可能减少这些因素的影响，如在进行航线规划时应尽量避免使用穿越危险区、限制区的航路；尽量选择使用导航设备可靠性高的航线，提高安全裕度；尽量避免飞越繁忙机场、战乱国家的领空，飞越时也尽量选择飞越国家较少的航路；选择飞行程序时，考虑机型的航空器性能是否满足设计要求等。在保证安全性的前提下，航线规划时要尽量考虑经济性，即能够达到经济效益的最大化，如尽量减少航程、缩短逆风飞行航段，避开交通拥堵严重的航段等。

11.2 航线制作流程

航空公司针对航线制作工作会制定一系列详细的流程，情报人员参照公司制定的业务流程完成航线制作工作。各航空公司情报部门进行航线规划的工作流程如图11-1所示。

11.2.1 准备阶段

航空公司情报部门接收公司市场部门的航线制作任务，首先明确任务目标，并检查确认航线制作任务的具体要求。参考国际民航组织、中国民航局、本航空公司的相关文件和规定，确认航线制作任务的可执行性。搜集与此次航线制作任务相关的材料，确定接收到的航线制作任务明确、情报信息资料可用，为后续航线制作工作任务展开做好准备。

11.2.2 实施阶段

1. 选取航线制作工作流程

航线制作分为新开航线制作任务和现有航线优化任务两种情况。根据航线性质不同，航线制作又可以分为国际航线制作和国内航线制作。情报部门根据航线制作任务的不同、航线性质的不同,设计了不同的业务流程。比如,新开航线的制作和现有航线的优化所需的工作步骤会有所不同,国际航线制作和国内航线制作需参阅的资料不同。因此情报部门在明确航线制作任务后,首先需要根据具体的航线制作任务特点,选择正确的工作流程,以保证航线制作的合理性。

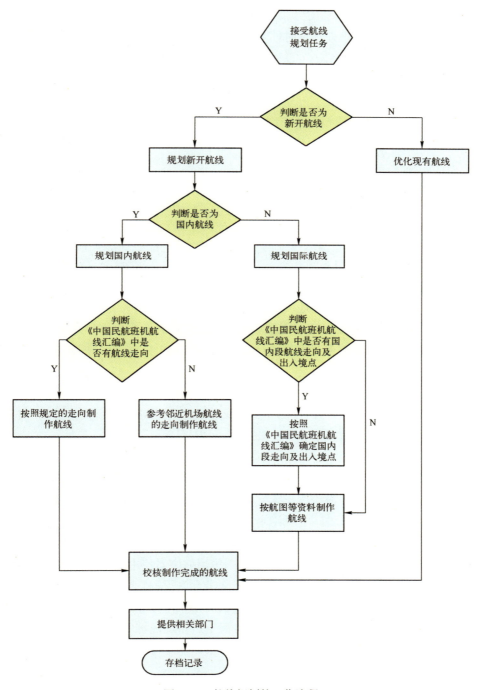

图 11-1　航线规划的工作流程

2. 国内新开航线制作

1）参考资料的准备

航线制作需参考的资料：《中国民航国内航空资料汇编》（NAIP）、《中国民航国内航空资料汇编》补充、航空资料通报（AIC）、《中国民航班机航线汇编》等，因上述资料更新周期较长，为了确保情报信息的准确性、及时性和完整性，实施航线制作时需参考现行有效的航行通告。通过以上情报资料的查阅，可以确定起飞机场、目的地机场、备降机场、航线名称、机型、航线走向等信息。

2）航线命名

为方便公司航线管理，情报工作人员需要对航线进行命名。对于《中国民航班机航线汇编》中已存在航线走向的航线，按照班机航线的航线代号进行命名。《中国民航班机航线汇编》中存在以下三种命名方式。

（1）起飞机场四字代码—目的地机场四字代码—两位数字。例如，北京—青岛的航线在《中国民航班机航线汇编》中的编号为 ZBAA—ZSQD—03。

（2）起飞机场四字代码—目的地机场四字代码—两位数字"R"。"R"表示具有限制条件，具体限制条件的内容可参考《中国民航班机航线汇编》中对此航线的描述。例如，北海—香港的航线在《中国民航班机航线汇编》中的编号为 ZGBH—VHHH—01R，限制条件为：供国内航空公司使用。

（3）起飞机场四字代码—目的地机场四字代码—两位数字"X"。此类航线表示的是临时航线。例如，高雄—北京的航线在《中国民航班机航线汇编》中的编号为 RCKH—ZBAA—01X。一般临时航线会包含较多的限制条件，如仅供国内航空公司使用等，具体内容参《中国民航班机航线汇编》中的规定。

若《中国民航班机航线汇编》中没有航线走向，则航空公司会根据公司规定进行命名，比如国内某航空公司使用"起飞机场四字代码—目的地机场四字代码—两位数字—T"的表示方法。例如，福州—连城航线采用 ZSFZ—ZZSL—01T。

3）航线走向规划

（1）明确起飞机场、目的地机场及备降场信息。在《中国民航国内航空资料汇编》、《中国民航国内航空资料汇编》补充中查询起飞机场、目的地机场、备降机场的相关情报信息，确定机型在上述各机场的可飞性，包括跑道的长度和宽度、公布距离、道面的强度、飞行程序的适用性、机场设施等，以确保飞行的安全性。

（2）查询《中国民航班机航线汇编》。在我国民用航空器使用空域进行交通运输时，应严格遵守《我国境内民航班机飞行航线和高度层配备规定》（简称《1号规定》）。但《1号规定》中的各种标准、命名方法、坐标系等与国际民航组织使用的规范有所不同，容易造成人为差错。因此中国民航局根据民航的标准，将《1号规定》整理成《中国民航班机航线汇编》，以光盘的形式进行发布，并以28天为周期进行更新，如图11-2所示。

图 11-2 《中国民航班机航线汇编》光盘封面

《中国民航班机航线汇编》主要包括以下内容。

① 航路（航线）代号表，包括航路（航线）代号、航路（航线）名称、航路（航线）走向及数据。查询界面如图 11-3 所示。

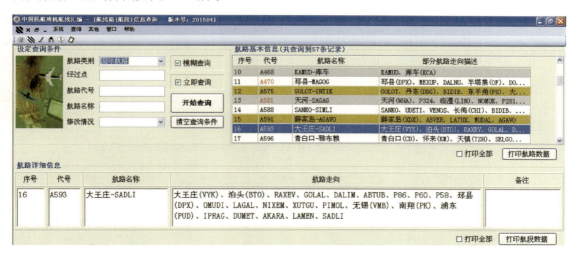

图 11-3 航路（航线）代号数据

② 航路（航段）数据，包括各航路点经纬度坐标、航段距离、真航向、磁航向、航段最低飞行高度等，见表 11-1。

表 11-1 航路（航段）数据

序号	航线航路经过点	地名/呼号	纬度	经度	距离/km	真航向/（°）	磁航向/（°）	安全高度/m	方向	备注
1	大王庄	VYK	391434	1163828	0			0		
2	泊头	BTO	380923	1163843	121	179/359	186/006	627		航路 20 km
3	RAXEV		371253	1165204	109	163/343	169/349	1 355		航路 20 km
4	GOLAL		364255	1170102	47	163/343	169/349	1 355		航路 20 km
5	DALIM		362201	1171641	40	163/343	169/349	2 184		航路 20 km

③ 班机航线数据,提供管制《1号规定》中已规定走向的航线信息,航线信息包括出发城市和到达城市(过境飞越航线为入境点和出境点)、航线编号、航线走向、航线总距离、最低飞行高度及航线的使用条件等。班机航线的类型包括国际班机航线、过境班机航线、地区班机航线和国内班机航线。国际班机航线信息查询界面如图11-4所示,国内班机航线信息查询界面如图11-5所示。

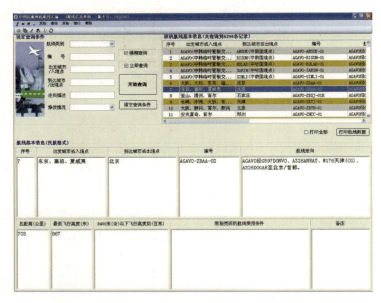

图11-4 国际班机航线信息查询

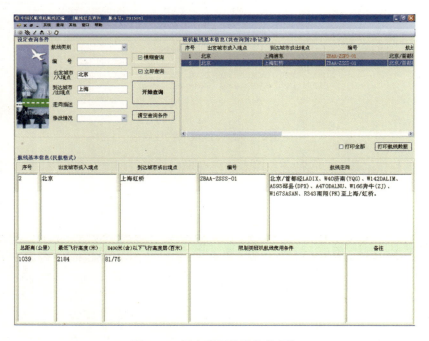

图11-5 国内班机航线信息查询

④ 机型分类表。在《中国民航班机航线汇编》中，根据航空器的使用升限并参照国际民航组织的有关文件，将航空器分为 A、B、C、D、E 五类。鉴于 C 类航空器较多，性能差异较大，将 C 类航空器分为 C1、C2、C3 和 C4 类，见表 11-2。

表 11-2　机型分类表

类别		机型
A		运 11、运 12、肖特 360、双水獭、运五、大篷车、西门诺尔、DA40、小鹰 500、塞斯纳 172R、SR-20
B		萨伯 340、安 24、安 26、运 7、冲 8、美多-23、ATR-72、雅克 40、新舟 600、新舟 60
C	C4	BAe146、安 12、运 8、L100、C130、空中国王 350、道尼尔 328、冲八 400Q（DH80）、福克 50
	C3	福克 70、福克 100、雅克 42
	C2	波音 707、波音 727、波音 737-200、波音 737-300、波音 737-400、波音 737-500、DC9、DC10、MD80、MD82M、MD90、伊尔 86、伊尔 62、伊尔 76、RJ200、奖状、里尔、伊尔 96、豪客 800XP、EMB145、CRJ-200、图 134、MD83、安 124、CRJ-700、EMB170、首相一号、ERJ145、豪客 900XP、豪客 850XP、环球快车 BD-700、CRJ-900
	C1	图 154、A300、A310、A319、A320、A321、波音 737-600、波音 737-700、波音 737-800、波音 737-900、波音 757、奖状 10、图-214、挑战者 604、图 204、波音 717、湾流 200、猎鹰 900DX、湾流 V、ERJ190、湾流 550、豪客 4000、猎鹰 7X、湾流 G550
D		波音 767、波音 747、波音 777、A330、A340、L1011、MD11、湾流 4、猎鹰 2000、湾流 450、空客 380、B787
E		暂缺

⑤ 更改通知，提示每期光盘修改的内容，如图 11-6 所示。

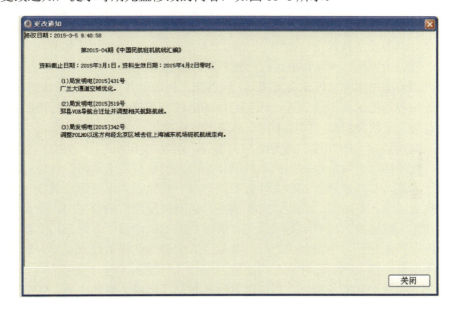

图 11-6　更改通知

⑥ 帮助信息。情报部门需要查阅《中国民航班机航线汇编》中的班机航线数据部分，明确是否有所制作航线的公布走向，若有已公布的航线走向，则按照规定航线走向的流程进行航线制作；若没有已公布的航线走向，需参考邻近机场航线走向进行规划设计，为公司制作出成本低效率高的航线。

（3）规划航线数据。根据《中国民航班机航线汇编》中的班机航线数据部分的规定和航路图确定航线所经过的每一个点,并制作成航线数据卡,航线数据卡中的第一个点为起飞机场,最后一个点为目的地机场。航线数据卡中每个航路点的信息包括:点或导航台的名称(地名代码)、纬度、经度、航线角、与下一点的距离、呼号、频率、航路代号、所属区域等信息。

对于已公布走向的航线,可以直接根据《中国民航班机航线汇编》中的班机航线数据,在航路图中画出航线,基于航路图中的信息,提取出航线中的每个点。对于未公布走向的航线,则需要在《中国民航班机航线汇编》中的班机航线数据中查询临近的航线作为参考,规划出航路巡航阶段的飞行路线。

除了进行航路巡航阶段飞行路线的规划外,还需参考 NAIP 中起飞机场及着陆机场的终端区航图,根据相应的航图进行离场、进场和进近程序的选择,按照飞行过程的离场阶段、巡航阶段、进场阶段和进近阶段制作完整的航线计划,计算出航线总里程,从而为飞行计划部门计算油量提供依据。

离场、进场和进近程序选择时需特别注意航路与离场程序、进场程序的衔接问题。根据规划好的巡航阶段的航线可以明确加入航路的点和脱离航路的点,因此情报员在选择离场和进场程序时应选择可以和航路正确衔接的进离场程序。以北京—上海航线为例,根据规划的航线,航空器需要在点 LADIX 加入航路,在点 SASAN 脱离航路。因此,情报员在选择离场程序时,应选择以 LADIX 为离场点的离场程序。同样在选择进场程序时,选择以点 SASAN 为起始点的进场程序。但因在计划阶段不能确定使用的跑道号,因此不能选择出唯一的进离场程序。虽然在航空公司的航班运行中,选择最短航段距离的离场、进场和进近程序最具经济性,但这三个阶段的实际飞行路线由管制员根据运行当时的流量情况进行调配给出,并不能够完全按照公司的经济效益指定路线。因此,航空公司在制作航线计划时,为了保证航空器安全,均以最长的进场、离场和进近程序进行航段距离的计算。

在此阶段也要根据实际情况选择备降场,包括起飞机场的备降场和目的地机场的备降场。选择的备降场与本场的距离不能太近,因为当目的地机场不符合着陆天气标准时,可能会因为备降场与本场气象状况相似,同样不符合着陆天气标准。

(4)完成航线数据卡的制作,提交给相关部门。航线制作完成后,要交给相关部门进行审核和上报。性能部门会对情报部门的航线制作中涉及的航空器活动进行性能计算,如油量分析、业载计算等,并与航空器的相关性能数据进行分析比较,保证进行航线飞行的航空器的性能可以满足航线飞行所需的性能。若不满足,需及时反馈给情报部门,情报部门需要重新进行航线制作,或更换为能够满足航线飞行所需性能的航空器。签派部门会对该航线的航空运输活动进行预先分析。情报部门的导航数据库席位会以航线数据卡进行导航数据库的制作和更新。飞行机组接收到航线计划后需要提前进行飞行准备工作,特别是对于新航线,机组更应进行充分的飞行前准备工作,需要准备和熟悉起飞机场、目的机场、备降场及航路的各种信息。若对航线计划存在疑问,可以向情报部门咨询并由情报员提供讲解服务。

3. 已开航线的调整和优化

对于已经投入运营的航线,会随着运行环境的变换而进行相应的调整,如航路网的变化或者《中国民航班机航线汇编》班机航线数据的变化都会造成公司航线的变化;公司也会根据其运营状况对航线进行优化,如在允许情况下避免穿越限制区、危险区、军事敏感地带及地区,缩短逆风飞行航段,避开交通拥堵严重航段、点等,并且已开航线的调整和优化这项任务会随着运行环境的变化持续进行。

11.3 航线制作案例

本教材所介绍的航图为中国民航局公布的航图,因此本部分航线制作的案例选用国内航线制作,重点体现国内航图的应用。国内航线制作任务分为已公布走向的国内航线制作和未公布走向的国内航线制作两种情况。下面以北京—上海的航线制作任务为例说明已公布走向的国内航线制作的过程,以大连—伊春的航线制作任务为例说明未公布走向的国内航线制作的过程。

11.3.1 已公布走向的国内航线制作

例如,航线制作任务:北京—上海。

1. 航线命名及准备工作

(1) 参考资料的准备。航线制作需参考的资料:《中国民航国内航空资料汇编》、《中国民航国内航空资料汇编》补充、航空资料通报(AIC)、《中国民航班机航线汇编》等,因上述资料更新周期较长,为了确保情报信息的准确性、及时性和完整性,实施航线制作时需参考现行有效的航行通告。通过以上情报资料的查阅,可以确定起飞机场、目的地机场、备降机场、航线名称、机型、航线走向等信息。

(2) 航线命名。对于《中国民航班机航线汇编》中规定走向的航线,可以直接参考该命名。因此根据图 11-5 可知,该航线命名为 ZBAA—ZSSS—01。

2. 航线走向规划

(1) 起飞机场、目的地机场及备降场信息。

起飞机场:北京/首都机场;四字代码:ZBAA。

备降机场(起飞):呼和浩特/白塔机场;四字代码:ZBHH。

目的机场:上海/虹桥机场;四字代码:ZSSS。

备降机场(着陆):杭州/萧山机场;四字代码:ZSHC。

查询起飞机场、目的地机场、备降机场的相关情报信息,确定机型在上述各机场的可飞性,包括跑道的长度和宽度、跑道的强度、机场飞行程序的适用性等,以确保飞行的安全性。

(2) 查询《中国民航班机航线汇编》。经查阅,《中国民航班机航线汇编》对北京—上海的航线描述为:ZBAA DCT LADIX W40 YQG W142 DALIM A593 PIX A470 DALNU W166 ZJ W167 SASAN R343 PK DCT ZSSS,表示的航线走向信息为:北京/首都机场起飞后直飞点 LADIX,加入航路代号 W40 的航段并飞行到导航台'YQG',从'YQG'台转入航路 W142 并飞到点 DALIM,转入航路 A593,飞到导航台'PIX',转入航路 A470,飞行至点 DALNU 转入航路 W166,飞至导航台'ZJ'转入航路 W167,飞至点 SASAN 转入航路 R343,飞行至 'PK'台至上海/虹桥机场。

(3) 绘制航线图。在我国 NAIP 国内航路图上画出航线图。根据航路图上航路信息可得出下列信息:航线名称(包括起飞、目的地机场四字代码及三字码)、航线总距离(km/NM)、飞行高度层(按机型配备相应高度层)、航线代号、航线性质、航路点(包括名称、坐标、呼号、频率)、航段距离(km/NM)、航段磁航线角、所属情报区、航线描述、备注信息、备降机场、备降航路等。

(4) 制作航线数据卡。根据《中国民航班机航线汇编》规定的航线走向,与北京/首都机场的离场图及上海/虹桥机场的进场图相结合，确定出航空器加入航路的点和脱离航路的点。对于北京—上海航线，LADIX 为加入航路的点，SASAN 为脱离航路的点，情报人员以这两个点为基准选择进离场程序。

北京首都机场的离场图有 16 幅，传统仪表离场图 6 幅，RNAV 离场图 11 幅。因此需对所有以点 LADIX 为离场终止点的离场程序进行分析，找到从该点加入航路的离场阶段航段总距离最长的离场程序。经过各离场图比较分析可知，首都机场以点 LADIX 作为离场加入航路点的航段距离最长的程序在 ZBAA-3E 中，离场程序代号为 LADIX-32D，如图 11-7 所示。

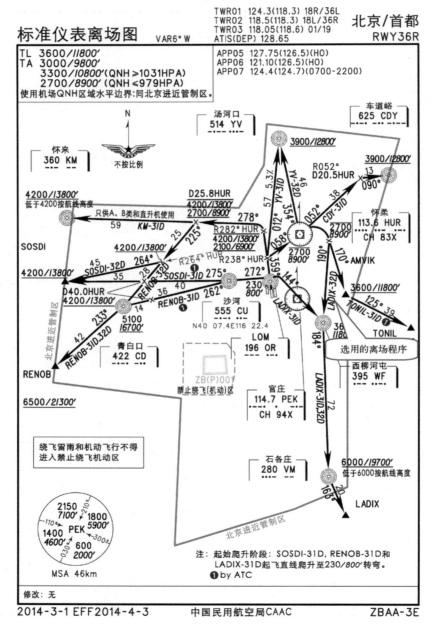

图 11-7　北京/首都机场离场图

上海虹桥机场有4幅进场图,2幅为传统标准仪表进场图,2幅为RNAV标准仪表进场图。因此需对所有以点 SASAN 为进场起始点的进场程序进行分析,找到从该点脱离航路的进场进近阶段航段总距离最长的进场程序。因此除查阅进场航图外,还需同时查阅进近图,虹桥机场有4幅 ILS/DME 进近图、4幅 RNAV ILS/DME 进近图及3幅 VOR/DME 进近图,在选择进场和进近程序时,要特别注意进场和进近的衔接问题,通过对上海/虹桥机场的进场和进近图的分析可以得出,选择 SASAN-2A 进场程序,以 'PK' 为起始进近定位点,采用直角航线的进近方式时,进场进近阶段航段总距离最长,如图 11-8 和图 11-9 所示。

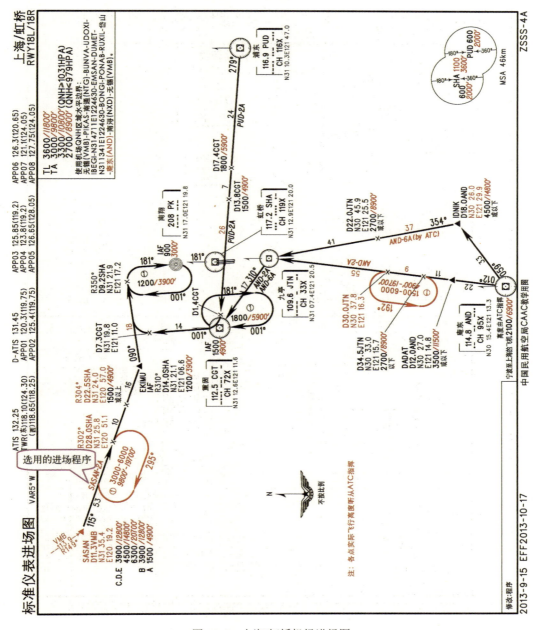

图 11-8 上海/虹桥机场进场图

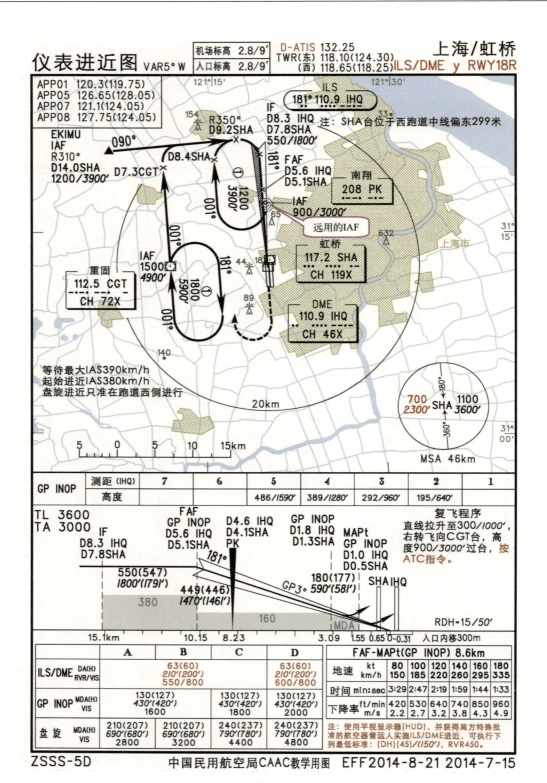

图 11-9 上海/虹桥机场进近图

根据航路图上的信息及终端区航图查询到的信息，按照航空公司要求的数据卡格式，制作航线数据卡，见表 11-3。

表 11-3 北京/首都—上海/虹桥航线数据卡

北京/首都—上海/虹桥 ZBAA—ZSSS (PEK)—(SHA)										
机型		A330		航线总距离（NM/km）		630		/		1166
飞行高度层				8 400 m（含）以下飞行高度层 81/75						
航线代号		ZBAA—ZSSS—01		航线性质				正班		
序号	地名代码	纬度	经度	航线角	距离 NM	距离 km	呼号	频率	航路代号	区域
1	ZBAA	N40062100	E116385100	离场	57.0	106			DCT	
2	LADIX	N39034500	E116563000	205.0	53.0	98			W40	ZB
3	IDKUP	N38193000	E116403000	169.0	36.0	67				ZB
4	P149	N37383800	E116534000	169.0	26.0	48				ZB
5	PANKI	N37194500	E116565900	165.0	30.0	56				ZB
6	JINAN	N36455500	E117155700	186.0	25.0	46	YQG	113.7	W142	ZS
7	DALIM	N36232100	E117154500	169.0	22.0	41			A593	ZS
8	ABTUB	N36040200	E117174900	169.0	53.0	98				ZS
9	P86	N35113500	E117430400	169.0	5.0	10				ZS
10	P60	N35083000	E117450000	169.0	12.0	23				ZS
11	P58	N34544200	E117484200	169.0	4.0	7				ZS
12	UDINO	N34471900	E117501700	169.0	32.0	59				ZS
13	PIXIAN	N34204200	E117553700	168.0	19.0	35	PIX	117.8	A470	ZS
14	MEXUP	N34064360	E118021620	168.0	12.0	22				ZS
15	DALNU	N33510800	E118063300	150.0	44.0	82			W166	ZS
16	P77	N33104100	E118335300	150.0	26.0	49				ZS
17	P93	N32530200	E118544800	150.0	67.0	123				ZS
18	BENNIU	N31482500	E119394100	129.0	38.0	69	ZJ	217	W167	ZS
19	SASAN	N31372200	E120221000	进场	43.0	79			R343	ZS
20	EKIMU	N31170600	E121093600	进场	12.0	22				ZS
21	NANXIANG	N31190549	E121225395	进近	14.0	26	PK	208	DCT	ZS
22	ZSSS	N31095200	E121250800							
航线描述：		ZBAA LADIX W40 DALIM A593 DALNU W166 SASAN R343 PK ZSSS								
备注：										
备降机场：				ZSHC ZSNJ						
备降航路：										
生效时间：		2015-10-27		失效时间		2016-03-29		制作时间		2015-04-04
部门：		××航空公司情报部门		制作人		×××		校核人		×××

（5）审核和提交。情报部门完成航线制作后，提交给航空器性能部门、签派部门等相关业务部门进行审核和上报。情报部门会制作航线油量计算通知单，性能部门会基于该通知单进行航线油量的估算，图 11-10 为情报部门制作的航线油量计算通知单。

航务部航行情报室					
编写：范		校核：章	批准	编号：XN15056	日期：2015-04-07

性能处：

请计算以下航线油量

一号规定有国内段走向，无高度

航线名称	航线距离		飞行高度	
	去程	回程	去程	回程
ZBAA-ZSSS	630 nm	640 nm	095	098
航线走向	去程： LADIX W40 YQG W142 DALIM A593 DPX A470 DALNU W166 ZJ 167SASAN R343 PK 回程： PK G330 PIMOL A593 DALIM W157 VYK			

新开航线调查：北京—上海

图 11-10　北京—上海航线油量计算通知单

11.3.2　未公布走向的国内航线制作

例如，航线任务：大连—伊春。

1. 航线命名及准备工作

（1）参考资料的准备。航线制作需参考的资料：《中国民航国内航空资料汇编》、《中国民航国内航空资料汇编》补充、航空资料通报（AIC）、《中国民航班机航线汇编》等，因上述资料更新周期较长，为了确保情报信息的准确性、及时性和完整性，实施航线制作时需参考现行有效的航行通告。通过以上情报资料的查阅，可以确定起飞机场、目的地机场、备降机场、航线名称、机型、航线走向等信息。

（2）航线命名。对于班机航线汇编中未规定走向的航线，根据航空公司的命名规定，本例使用厦门航空公司的命名规定，使用"起飞机场四字代码+目的地机场四字代码+两位数字+T"的表示方法，因此该航线命名为 ZYTL—ZYLD—01T。

2. 航线走向规划

（1）起飞机场、目的地机场及备降场信息。

起飞机场：大连/周水子国际机场；四字代码：ZYTL。

备降机场（起飞）：沈阳/桃仙国际机场：ZYTX、青岛/流亭国际机场：ZSQD。

目的机场：伊春/林都国际机场；四字代码：ZYLD。

备降机场（着陆）：长春/龙嘉国际机场：ZYCC、哈尔滨/太平国际机场：ZYHB。

查询起飞机场、目的地机场、备降机场的相关情报信息，确保飞行的安全性。

（2）查询《中国民航班机航线汇编》。经查阅《中国民航班机航线汇编》中没有对大连—伊春的航线走向公布，此时需参考邻近机场航线走向进行规划设计。经查询在《中国民航班机航线汇编》中找到大连—哈尔滨以及北京—伊春的航线走向，可以作为大连—伊春航线设计的参考。

(3) 航线设计。《中国民航班机航线汇编》公布的大连—哈尔滨和北京—伊春两条航线，其描述如下：

大连—哈尔滨：大连/周水子经 VENOS、A588 万昌（LJB）、J702 水泉（LS）至哈尔滨/太平。

北京—伊春：北京/首都经汤河口（YV）、B334 通辽（TGO）、G212 哈尔滨（HRB）、J66 伊春（YCU）至伊春/林都

参考上述两条航线，将大连—伊春航线分为四段：大连离场、大连—哈尔滨、哈尔滨至伊春、伊春进场，因此参考大连—哈尔滨的航线确定离场程序和航路的衔接，即第一段大连离场，根据《中国民航班机航线汇编》中大连—哈尔滨的第一个航段描述和离场图 ZYTL 3A/3B 确定加入航路的点为 VENOS；根据大连—哈尔滨的航线描述确定第二段大连—哈尔滨，即 A588-VOR/DME 台'HRB'；根据北京—伊春的航线描述确定第三段哈尔滨至伊春，即'HRB'-J66 伊春'YCU'至伊春/林都；结合伊春进场图和进近图，找到合适的进场航线及进近航线，将四段航线连接，最终确定大连—伊春航线：ZYTL DCT VENOS A588 HRB J66 YCU DCT ZYLD。

(4) 绘制航线图。在 NAIP 中国国内航路图上画出航线图。根据航路图上航路信息可得出下列信息：航线名称（包括起飞、目的地机场四字码及三字码）、航线总距离（km/NM）、飞行高度层（按机型配备相应高度层）、航线代号、航线性质、航路点（包括名称、坐标、呼号、频率）、航段距离（km/NM）、航段磁航线角、所属情报区、航线描述、备注信息、备降机场、备降航路等。

(5) 制作航线数据卡。根据第(3)步设计的航线走向，与大连/周水子机场的离场图及伊春/林都机场的进场图相结合，确定出航空器加入航路的点和脱离航路的点。对于大连—伊春航线，VENOS 为加入航路的点，VOR/DME 台'HRB'为脱离航路的点，情报人员以这两个点为基准选择进离场程序。

大连/周水子机场的离场图有 2 幅，因此需对所有以点 VENOS 为离场终止点的离场程序进行分析，找到从该点加入航路的离场阶段航段总距离最长的离场程序。经过各离场图比较分析可知，大连/周水子机场以点 VENOS 作为离场加入航路点的航段距离最长的程序在 ZYTL-3B 中，离场程序代号为 CHI-11D，如图 11-11 所示，以该离场程序段的航段距离作为离场段距离。

伊春/林都机场有 4 幅进场图，2 幅为传统标准仪表进场图，2 幅为 RNP 标准仪表进场图。因此需对所有以 VOR/DME 台'HRB'为进场起始点的进场程序进行分析，找到从该点脱离航路的进场进近阶段航段总距离最长的进场程序。因此除查阅进场航图外，还需同时查阅进近图，伊春/林都机场有 2 幅 ILS/DME 进近图、2 幅 VOR/DME 进近图、2 幅 NDB/DME 进近图、1 幅 RNAV ILS/DME 进近图及 2 幅 RNP APCH 进近图，在选择进场和进近程序时，要特别注意进场和进近的衔接问题，通过对伊春/林都机场的进场和进近图的分析可以得出，选择 HRB-12A 进场程序，以 VOR/DME 台'YCU'为起始进近定位点，采用直角航线的进近方式时，进场进近阶段航段总距离最长，如图 11-12 和图 11-13 所示。

根据航路图上的信息及终端区航图查询到的信息，按照航空公司要求的数据卡格式，制作航线数据卡，见表 11-4。

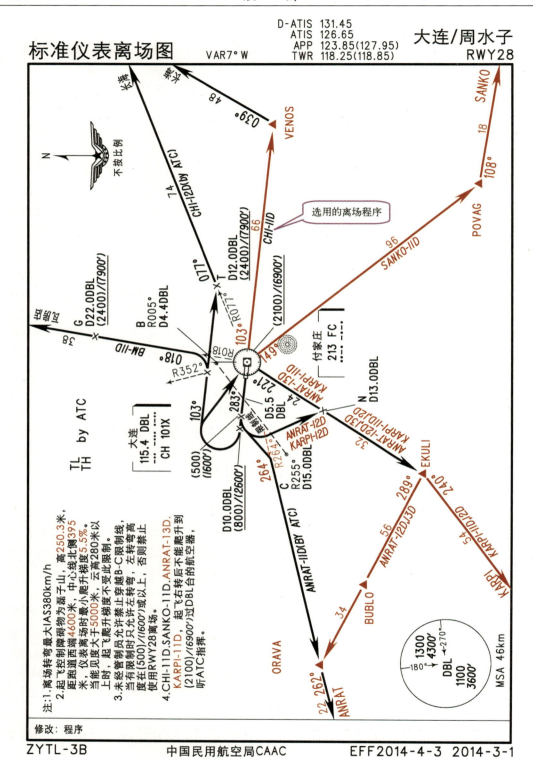

图 11-11 大连周水子机场标准仪表离场图

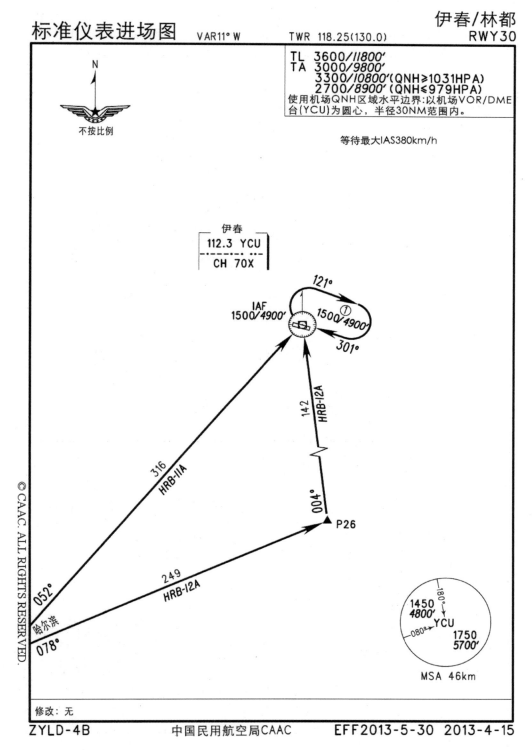

图 11-12 伊春林都机场标准仪表进场图

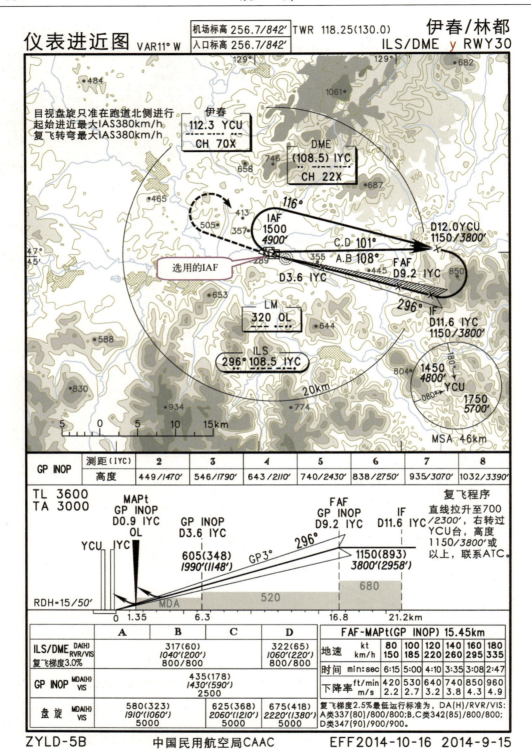

图 11-13 伊春林都机场 ILS 进近图

表 11-4 大连/周水子—伊春航线数据卡

大连/周水子—伊春 ZYTL—ZYLD (DLC) —(LDS)										
机型		A320-232 A320-214			航线总距离（NM / km）		723		/	1339
飞行高度层										
航线代号		ZYTL—ZYLD—01T		航线性质		正班				
序号	地名代码	纬度	经度	航线角	距离 NM	距离 km	呼号	频率	航路代号	区域
1	ZYTL	N38595600	E121352000	离场	37.4	69.3			DCT	
2	VENOS	N38511000	E122223600	39.0	26.0	48.2			A588	ZY
3	CHANGHAI	N39180300	E122340300	37.0	53.0	98.2	CHI	1168		ZY
4	NODAL	N40064700	E123154100	37.0	54.0	100.0				ZY
5	ISKEM	N40515700	E123420100	37.0	39.0	72.2				ZY
6	BIDIB	N41212400	E124124800	38.0	40.0	74.1				ZY
7	NUBKI	N41565000	E124395400	36.0	57.0	105.6				ZY
8	LEMOT	N42462900	E125130100	36.0	64.0	118.5				ZY
9	WANCHANG	N43481900	E125550000	19.0	43.0	79.6	LJB	1159		ZY
10	ISBOP	N44252800	E126061100	19.0	16.0	29.6				ZY
11	PABKI	N44455200	E126053400	19.0	54.0	100.0				ZY
12	HAERBIN	N45344000	E126193100	进场	211	391	HRB	1125	J66	ZY
13	YICHUN	N47471500	E129061700	进近	28	51.9	YCU	1123	DCT	ZY
14	ZYLD	N47420700	E129060900							
航线描述		ZYTL DCT VENOS A588 HRB J66 YCU DCT ZYLD								
备注		无一号规定								
备降机场		ZYCC ZYHB								
备降航路										
生效时间		2015-10-26		失效时间		2016-3-28	制作时间		2015-03-02	
部门		××航空公司情报部门		制作人		×××	校核人		×××	

（6）审核和提交。情报部门完成航线制作后，提交给航空器性能部门、签派部门等相关业务部门进行审核和上报。情报部门会制作航线油量计算通知单，性能部门会基于该通知单进行航线油量的估算，图 11-14 为情报部门制作的油量计算通知单。

航务部航行情报室

编写：周 校核：章 批准 编号：XN15056 日期：2015-04-07

性能处：

请计算以下航线油量

一号规定无国内段走向，无高度

航线名称	航线距离		飞行高度	
	去程	回程	去程	回程
ZYTL-ZYLD	723 nm	719 nm	098	095
航线走向	去程：VENOS A588 HRB J66 YCU 回程：YCU J66 HRB A588 VENOS			

新开航线调查：大连—伊春

图 11-14 大连—伊春新开航线油料计算通知单

思考题

1. 以航空公司新开上海—广州航线为例,参考相关情报资料,制作航线,并思考制作过程中航空情报资料的作用。

2. 若航空公司要开国际航线,会需要什么航空情报资料?与国内航线的制作有什么差异?

附录 A 缩 略 语

ACN	Aircraft Classification Number	飞机等级序号
ADF	Automatic Direction Finder	自动定向仪
ADI	Attitude Director Indicator	姿态指引仪
AIP	Aeronautical Information Publication	航空资料汇编
ALS	Approach lighting system	进近灯光系统
APCH	Approach	进近
APP	Approach Control	进近管制
APV	Approach Procedure with Vertical Guidance	类精密进近
ARP	Airport Reference Point	机场基准点坐标
ASDA	Accelerate Stop Distance Available	可用加速停止距离
ASPH	Asphalt	沥青
ATC	Air Traffic Control	空中交通管制
ATIS	Automatic Terminal Information Service	自动终端情报服务
ATS	Air Traffic Services	空中交通服务
CDFA	Continuous Descent Final Approach	连续下降最后进近
CONC	Concrete	混凝土
CWY	Clearway	净空道
DA/H	Decision Altitude/Height	决断高度/高
D-ATIS	Data Link Automatic Terminal Information Service	数据链自动终端情报服务
DER	Departure End of the Runway	起飞跑道的离地端
DME	Distance Measuring Equipment	测距仪
EVS	Enhanced Vision System	增强目视系统
FAF	Final Approach Fix	最后进近定位点
FAP	Final Approach Point	最后进近点
GND	Ground	地面
GBAS	Ground Based Augmentation System	陆基增强系统
GLONASS	Global Orbiting Navigation Satellite System	全球轨道导航卫星系统
GLS	GBAS Landing System	陆基增强系统着陆系统
GNSS	Global Navigation Satellite System	全球卫星导航系统
GP	Glide Path	下滑台
GP INOP	Glide Path Inoperative	下滑台不工作
GPS	Global Positioning System	全球定位系统
HIALS	High Intensity Approach Lighting System	高强度进近灯系统

HSI	Horizontal Situation Indicator	水平状态指示仪
HUD	Head Up Display	平视显示器
IAF	Initial Approach Fix	起始进近定位点
IAS	Indicated Air Speed	指示空速
ICAO	International Civil Aviation Organization	国际民用航空组织
IF	Intermediate Approach Fix	中间进近定位点
ILS	Instrument Landing System	仪表着陆系统
IM	Inner Marker	内指点标
LNAV	Lateral Navigation	水平导航
INS	Inertial Navigation System	惯性导航系统
IRS	Inertial Reference System	惯性基准系统
LDA	Landing Distance Available	可用着陆距离
LOC	Localizer	航向台
MAPt	Missed Approach Point	复飞点
MDA/H	Minimum Descent Altitude/ Height	最低下降高度/高
MEA	Minimum Enroute Altitude	最低航路高度
MFA	Minimum Flight Altitude	最低飞行高度
MIALS	Medium Intensity Approach Lighting System	中强度进近灯系统
MLS	Microwave Landing System	微波着陆系统
MM	Middle Marker	中指点标
MSA	Minimum Sector Altiutude	最低扇区高度
NAIP	National Aeronautical Information Publication	国内航空资料汇编
NDB	Non-Directional Beacon	无方向性信标台
NPA	Non-precision Approach	非精密进近
OCA	Obstacle Clearance Altitude	最低超障高度
OCH	Obstacle Clearance Height	最低超障高
OFZ	Obstacle Free Zone	无障碍物区
OM	Outer Marker	外指点标
PA	Precision Approach	精密进近
PAR	Precision Approach Radar	精密进近雷达
PBN	Performance-based Navigation	基于性能导航
PCN	Pavement Classification Number	道面等级序号
PDC	Pre-departure Clearance	起飞前放行
RDH	Reference Datum height (for ILS)	ILS 基准高
RNAV	Area Navigation	区域导航
RNP	Required Navigation Performance	所需导航性能
RTZL	Runway Touchdown Zone Lights	跑道接地地带灯
RVR	Runway Visual Range	跑道视程
SBAS	Satellite-based Augmentation System	星基增强系统

SDF	Step Down Fix	梯级下降定位点
SID	Standard Instrument Departure	标准仪表离场图
STAR	Standard Instrument Arrival	标准仪表进场图
SVS	Synthetic Vision System	合成视景系统
SWY	Stopway	停止道
TA	Transition Altitude	过渡高度
TH	Transition Height	过渡高
TL	Transition Level	过渡高度层
TODA	Take off Distance Available	可用起飞距离
TORA	Take off Run Available	可用起飞滑跑距离
TWR	Aerodrome Control Tower	机场管制塔台
VHF	Very High Frequency	甚高频
VAR	Magnetic Variation	磁差
VIS	Visibility	能见度
VOR	VHF Omnidirectional Radio Range	甚高频全向信标台
VNAV	Vertical Navigation	垂直导航

附录 B 宁波/栎社机场的终端区图

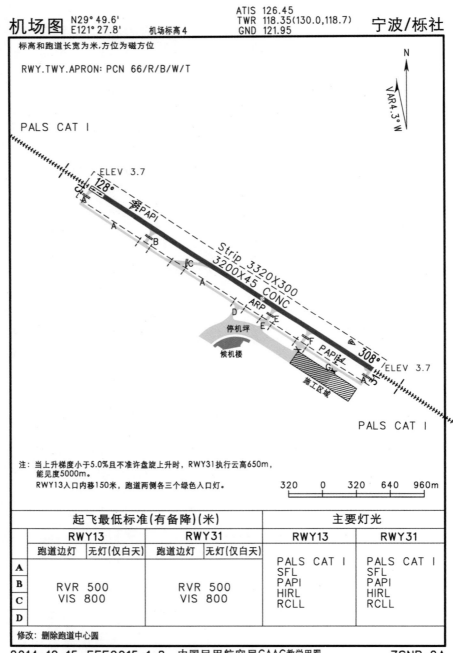

停机位置图

宁波/栎社

ATIS 126.45
TWR 118.35(130.0,118.7)
GND 121.95

停机位编号及坐标
1. N29°48'16.2"E121°26'36.6"
2. N29°48'17.6"E121°26'38.8"
3. N29°48'18.6"E121°26'40.8"
4. N29°48'19.2"E121°26'43.2"
5. N29°48'19.2"E121°26'45.4"
6. N29°48'18.9"E121°26'47.5"
7. N29°48'18.8"E121°26'49.5"
8. N29°48'17.6"E121°26'50.8"
9. N29°48'16.6"E121°26'52.6"
10. N29°48'15.4"E121°26'54.6"
11. N29°48'14.4"E121°26'56.4"
12. N29°48'13.3"E121°26'58.3"
13. N29°48'12.4"E121°26'59.9"
14. N29°48'11.7"E121°27'01.1"
15. N29°48'11.0"E121°27'02.4"
16. N29°48'10.2"E121°27'03.6"

修改：无

ZSNB-2B　　中国民用航空局CAAC教学用图　　EFF2015-1-8　2014-12-15

目视停靠引导系统

宁波/栎社

航空器目视停靠引导系统

1. 停止滑行◇由引导员引导滑行

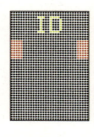 

航空器必须在距停止线12米前被系统识别◇否则◇系统将先显示'STOP'◇然后显示 'ID FAIL'。同时◇系统方位指示区域显示2个红色矩形停止排灯。

2. 航空器沿滑行引导线滑行。

显示正确的航空器型号,滚动箭头表明系统处于工作状态。

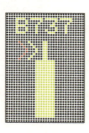

当系统显示一条垂直黄色接近速率光带时,表明系统的扫描装置已捕捉到航空器。此时,扫描装置正检测航空器的几何特征并显示方位引导信息,以保证停靠安全。闪烁的红色箭头和稳定的黄色箭头提供方位引导,闪烁的红色箭头方向表示应该修正偏差的方向。

当航空器滑行至距停止线12米处时◇系统显示接近速率信息。

12至2米	每1米梯级显示
2米至停止线	每0.2米梯级显示

航空器每前进0.5米◇黄色接近速率光带的发光二极管灭灯一行。如图显示飞机距泊位还有6米◇飞机向左边微微偏离了中线。

2006-10-1 EFF2007-1-18　中国民用航空总局制CAAC教学用图　ZSNB-2C

目视停靠引导系统　　　　　　　　　　　　宁波/栎社

在整个停靠过程中◇如果航空器滑行速度超过4米/秒(7.7海里/小时)◇系统会显示'SLOW DOWN '◇以防止航空器超越停机线。

3.显示指示

 当航空器到达停机线时◇系统显示'STOP '的同时◇在方位显示区域显示2个红色矩形停止指示排灯◇而黄色接近速率光带消失。

 航空器停靠在正确位置几秒后◇系统将显示'OK '。

若航空器超越停止线1米以外时◇系统将显示'TOO FAR '。

注账
1. 当系统显示的机型错误时◇驾驶员应立即停止航空器滑行。
2. 当使用该系统进行停靠时◇航空器应沿滑行引导中线滑行◇以最低滑行速度进入机位。
3. 为防止航空器超越停止线◇航空器应缓慢接近停止线◇驾驶员应注意接近速率信息。当系统显示'STOP '或地面引导员发出停止信号时◇驾驶员应立即停止航空器滑行。
4. 系统在识别航空器的过程中◇当显示'WAIT '时◇航空器必须停止前进◇等待系统对航空器进行再次识别　识别成功后◇航空器方可在系统引导下继续停靠。否则◇系统将显示'STOP '◇航空器必须立即停止停靠。
5. 驾驶员在无法确定系统所显示的引导信息时◇应立即停止滑行并等待进一步的停靠指示。

ZSNB-2D　　中国民用航空总局制CAAC教学用图　　EFF2007-1-18　2006-10-1

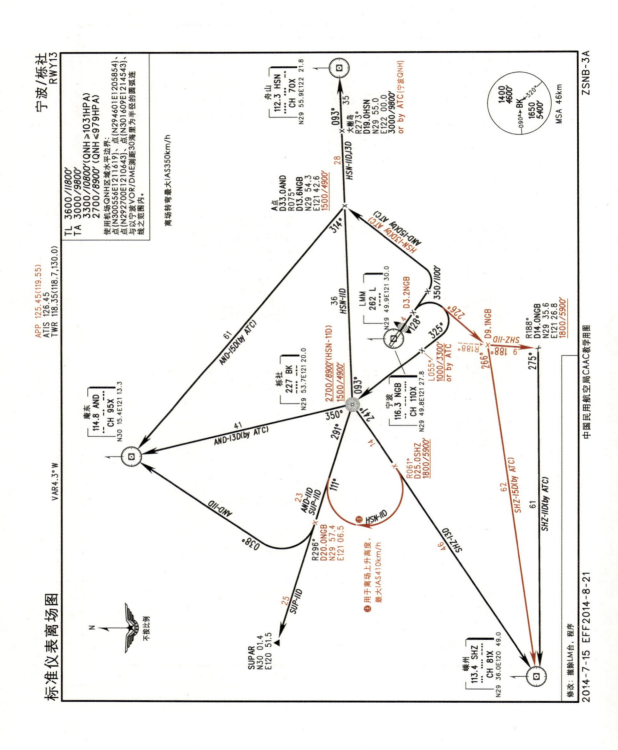

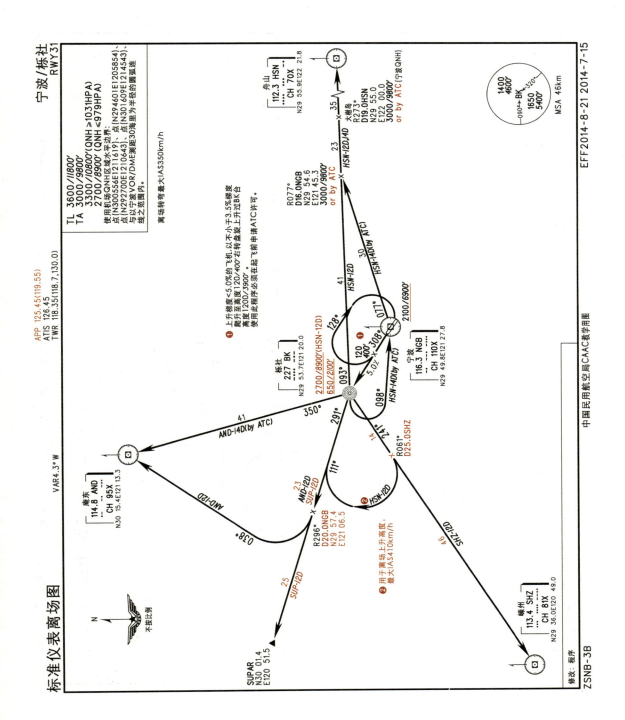

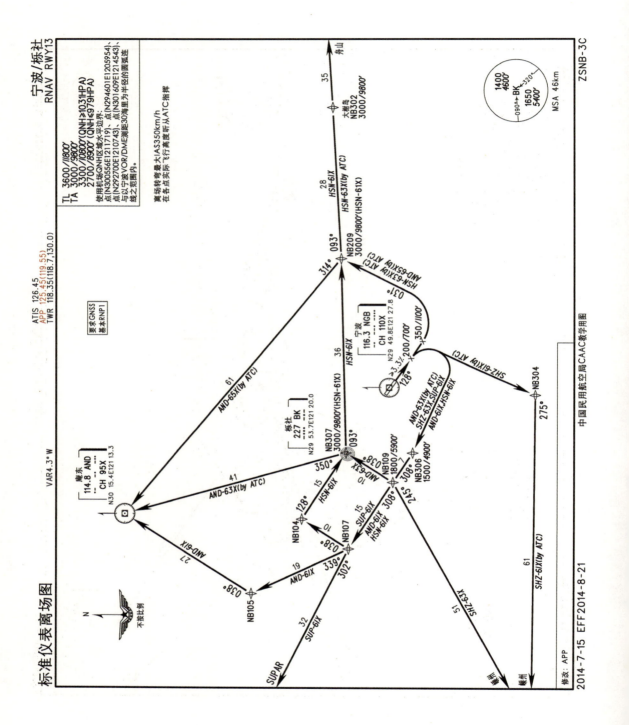

附录 B 宁波/栎社机场的终端区图 197

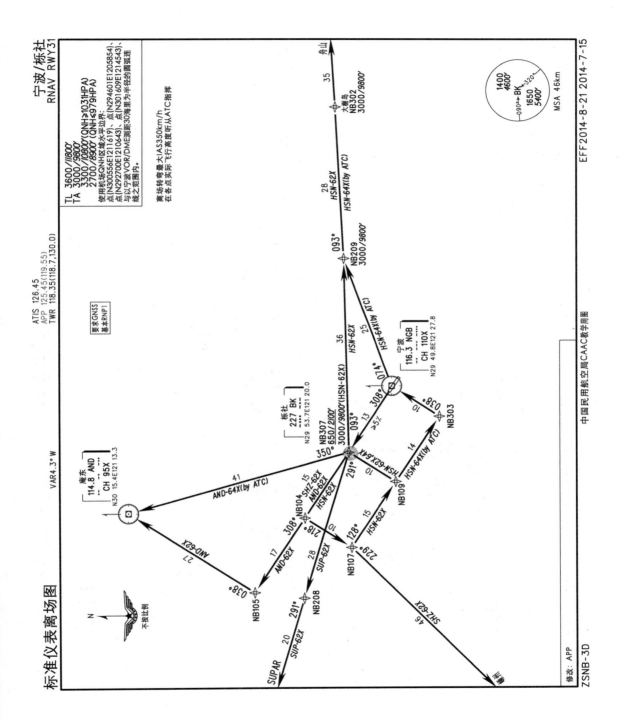

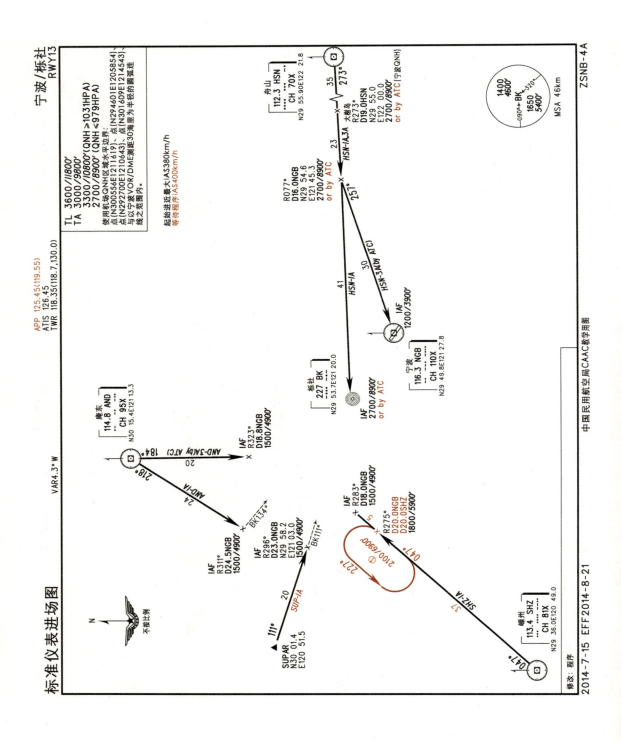

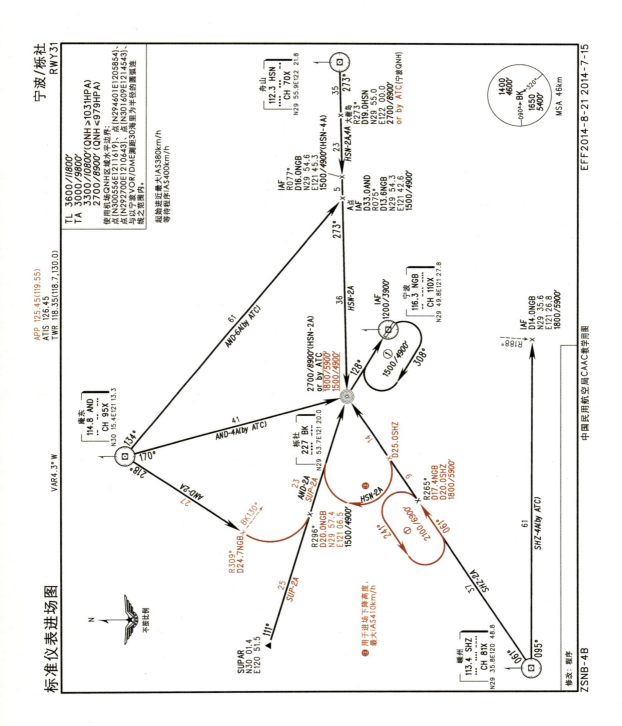

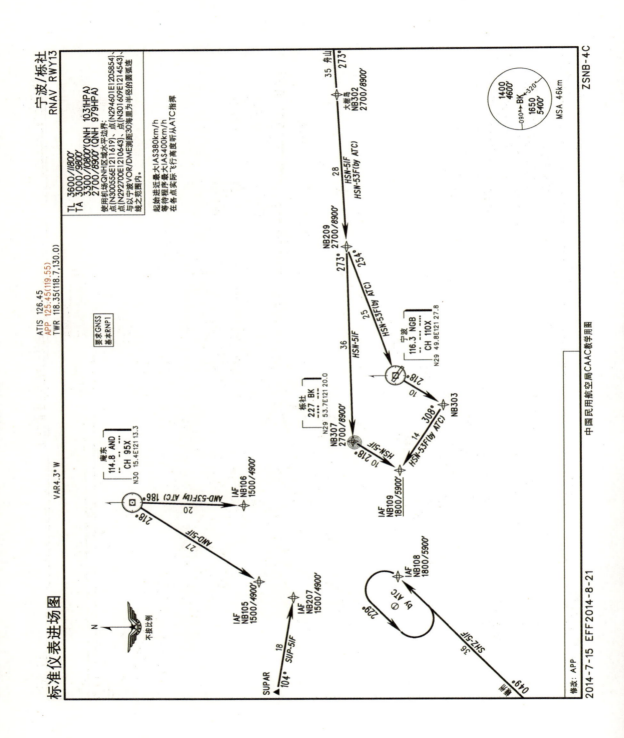

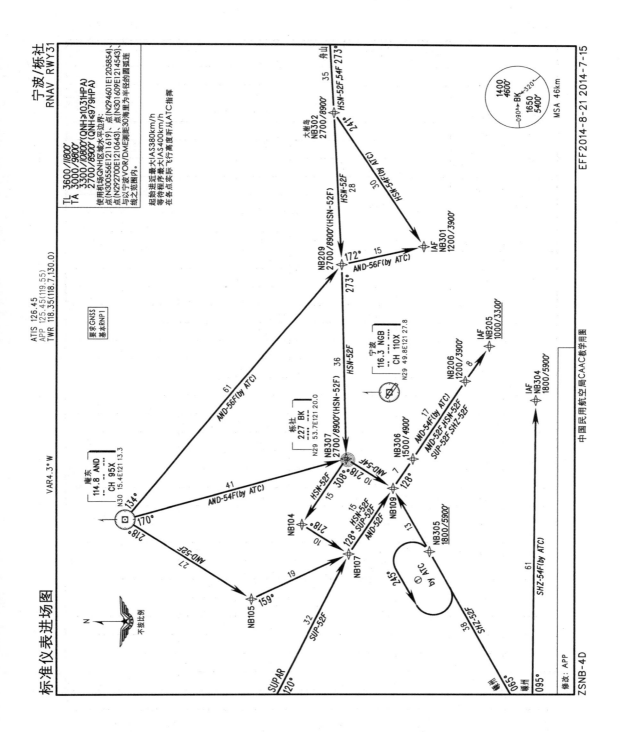

数据库编码

宁波/栎社

航径描述	定位点标识	是否飞越点	磁航向(°)	转弯指示	高度(m)	速度限制(km/h)	VPA/TCH	导航性能
RWY13 离场 AND-61X								
CA			128		200		≥3.3%	RNP1
DF	NB306			R	1500	MAX350		RNP1
TF	NB109				1800			RNP1
TF	NB107							RNP1
TF	NB105							RNP1
TF	AND							RNP1
RWY13 离场 AND-63X(by ATC)								
CA			128		200		≥3.3%	RNP1
DF	NB306			R	1500	MAX350		RNP1
TF	NB109				1800			RNP1
TF	NB307				by ATC			RNP1
TF	AND							RNP1
RWY13 离场 AND-65X(by ATC)								
CA			128		350		≥3.3%	RNP1
CF	NB209		031	L	by ATC	MAX350		RNP1
TF	AND							RNP1
RWY13 离场 HSN-61X								
CA			128		200		≥3.3%	RNP1
DF	NB306			R	1500	MAX350		RNP1
TF	NB109				1800			RNP1
TF	NB107							RNP1
TF	NB104							RNP1
TF	NB307				3000			RNP1
TF	NB209				3000			RNP1
TF	NB302				3000			RNP1
TF	HSN				3000			RNP1
RWY13 离场 HSN-63X(by ATC)								
CA			128		350		≥3.3%	RNP1
CF	NB209		031	L	by ATC	MAX350		RNP1
TF	NB302				3000			RNP1
TF	HSN				3000			RNP1

修改：新图

数据库编码　　　　　　　　　　　　　　　　　　　　　　　　　　　　　宁波/栎社

航径描述	定位点标识	是否飞越点	磁航向（°）	转弯指示	高度（m）	速度限制（km/h）	VPA/TCH	导航性能
RWY13 离场 SHZ-61X(by ATC)									
CA			128		200		≥3.3%	RNP1
DF	NB304			R	by ATC	MAX350		RNP1
TF	SHZ							RNP1
RWY13 离场 SHZ-63X									
CA			128		200		≥3.3%	RNP1
DF	NB306			R	1500	MAX350		RNP1
TF	NB109				1800			RNP1
TF	SHZ							RNP1
RWY13 离场 SUP-61X									
CA			128		200		≥3.3%	RNP1
DF	NB306			R	1500	MAX350		RNP1
TF	NB109				1800			RNP1
TF	NB107							RNP1
TF	SUPAR							RNP1

修改：新图

2013-7-15 EFF2013-8-22　　　中国民用航空局 CAAC 教学用图　　　ZSNB-4G

数据库编码

宁波/栎社

航径描述	定位点标识	是否飞越点	磁航向(°)	转弯指示	高度(m)	速度限制(km/h)	VPA/TCH	导航性能
RWY31 离场 AND-62X								
CF	NB307		308		650		≥5%	RNP1
TF	NB104							RNP1
TF	NB105							RNP1
TF	AND					MAX350		RNP1
RWY31 离场 AND-64X(by ATC)								
CF	NB307		308		650		≥5%	RNP1
TF	AND					MAX350		RNP1
RWY31 离场 HSN-62X								
CF	NB307		308		650		≥5%	RNP1
TF	NB104							RNP1
TF	NB107					MAX350		RNP1
TF	NB109							RNP1
TF	NB307				3000			RNP1
TF	NB209				3000			RNP1
TF	NB302				3000			RNP1
TF	HSN				3000			RNP1
RWY31 离场 HSN-64X(by ATC)								
CF	NB307		308		650		≥5%	RNP1
TF	NB109				by ATC	MAX350		RNP1
TF	NB303				by ATC			RNP1
TF	NGB				by ATC			RNP1
TF	NB209				3000			RNP1
TF	NB302				3000			RNP1
TF	HSN				3000			RNP1
RWY31 离场 SHZ-62X								
CF	NB307		308		650		≥5%	RNP1
TF	NB104							RNP1
TF	NB107					MAX350		RNP1
TF	SHZ							RNP1
RWY31 离场 SUP-62X								
CF	NB307		308		650		≥5%	RNP1
TF	NB208					MAX350		RNP1
TF	SUPAR							RNP1

修改：新图

ZSNB-4H　　　中国民用航空局 CAAC 教学用图　　　EFF2013-8-22 2013-7-15

数据库编码　　　　　　　　　　　　　　　　　　　　　　宁波/栎社

航径描述	定位点标识	是否飞越点	磁航向(°)	转弯指示	高度(m)	速度限制(km/h)	VPA/TCH	导航性能
IF	AND							RNP1
TF	NB105				1500	MAX380		RNP1
TF	NB104				<u>1000</u>			RNP1
RWY13 进场 AND-53F(by ATC)								
IF	AND							RNP1
TF	NB106				1500	MAX380		RNP1
TF	NB104				<u>1000</u>			RNP1
RWY13 进场 HSN-51F								
IF	HSN							RNP1
TF	NB302				2700			RNP1
TF	NB209				2700			RNP1
TF	NB307				2700			RNP1
TF	NB109				<u>1800</u>	MAX380		RNP1
TF	NB107				1500			RNP1
TF	NB104				<u>1000</u>			RNP1
RWY13 进场 HSN-53F(by ATC)								
IF	HSN							RNP1
TF	NB302				2700			RNP1
TF	NB209				2700			RNP1
TF	NGB				by ATC			RNP1
TF	NB303				by ATC			RNP1
TF	NB109				<u>1800</u>	MAX380		RNP1
TF	NB107				1500			RNP1
TF	NB104				<u>1000</u>			RNP1
RWY13 进场 SHZ-51F								
IF	SHZ							RNP1
TF	NB108				1800	MAX380		RNP1
TF	NB107				1500			RNP1
TF	NB104				<u>1000</u>			RNP1
RWY13 进场 SUP-51F								
IF	SUPAR							RNP1
TF	NB207				1500	MAX380		RNP1
TF	NB104				<u>1000</u>			RNP1

修改：新图

数据库编码

宁波/栎社

航径描述	定位点标识	是否飞越点	磁航向(°)	转弯指示	高度(m)	速度限制(km/h)	VPA/TCH	导航性能
RWY13 进近至 MAPt								
IF	NB104				1000			RNP1
TF	NB103				700		-3.2°	RNP0.3
TF	NB102				500		-3.2°	RNP0.3
TF	NB101				300		-3.2°	RNP0.3
TF	NB100	Y					-3.2°/15m	RNP0.3
RWY13 复飞								
CA			128		350		≥2.5%	RNP1
DF	NB109			R	1200	MAX350	≥2.5%	RNP1
RWY13 等待								
HM	NB104	Y	128	R	1200	MAX400		RNP1
HM	NB108	Y	049	L	by ATC	MAX400		RNP1
RWY31 进场 AND-52F								
IF	AND							RNP1
TF	NB105							RNP1
TF	NB107							RNP1
TF	NB109							RNP1
TF	NB306				1500			RNP1
TF	NB206				1200			RNP1
TF	NB205				1000	MAX380		RNP1
TF	NB204				1000			RNP1
TF	NB203				1000			RNP1
RWY31 进场 AND-54F(by ATC)								
IF	AND							RNP1
TF	NB307				by ATC			RNP1
TF	NB109							RNP1
TF	NB306				1500			RNP1
TF	NB206				1200			RNP1
TF	NB205				1000	MAX380		RNP1
TF	NB204				1000			RNP1
TF	NB203				1000			RNP1
RWY31 进场 AND-56F(by ATC)								
IF	AND							RNP1
TF	NB209				by ATC			RNP1
TF	NB301				1200	MAX380		RNP1
TF	NB203				1000			RNP1

修改：新图

ZSNB-4K 中国民用航空局 CAAC 教学用图 EFF2013-8-22 2013-7-15

数据库编码　　　　　　　　　　　　　　　　　　　　　宁波/栎社

航径描述	定位点标识	是否飞越点	磁航向（°）	转弯指示	高度（m）	速度限制（km/h）	VPA/TCH	导航性能
RWY31 进场 HSN-52F							
IF	HSN							RNP1
TF	NB302				2700			RNP1
TF	NB209				2700			RNP1
TF	NB307				2700			RNP1
TF	NB104							RNP1
TF	NB107							RNP1
TF	NB109							RNP1
TF	NB306				1500			RNP1
TF	NB206				1200			RNP1
TF	NB205				1000	MAX380		RNP1
TF	NB204				1000			RNP1
TF	NB203				1000			RNP1
RWY31 进场 HSN-54F(by ATC)							
IF	HSN							RNP1
TF	NB302				2700			RNP1
TF	NB301				1200	MAX380		RNP1
TF	NB203				1000			RNP1
RWY31 进场 SHZ-52F							
IF	SHZ							RNP1
TF	NB305				1800			RNP1
TF	NB109							RNP1
TF	NB306				1500			RNP1
TF	NB206				1200			RNP1
TF	NB205				1000	MAX380		RNP1
TF	NB204				1000			RNP1
TF	NB203				1000			RNP1
RWY31 进场 SHZ-54F(by ATC)							
IF	SHZ							RNP1
TF	NB304				1800	MAX380		RNP1
TF	NB204				1000			RNP1
TF	NB203				1000			RNP1

修改：新图

数据库编码
宁波/栎社

航径描述	定位点标识	是否飞越点	磁航向(°)	转弯指示	高度(m)	速度限制(km/h)	VPA/TCH	导航性能
RWY31 进场 SUP-52F								
IF	SUPAR							RNP1
TF	NB107							RNP1
TF	NB109							RNP1
TF	NB306				1500			RNP1
TF	NB206				1200			RNP1
TF	NB205				1000	MAX380		RNP1
TF	NB204				1000			RNP1
TF	NB203				1000			RNP1
RWY31 进近至 MAPt								
IF	NB203				1000			RNP1
TF	NB202				800		-3°	RNP0.3
TF	NB201				410		-3°	RNP0.3
TF	NB200	Y					-3°/15m	RNP0.3
RWY31 复飞								
CA			308		150	MAX333	≥3%	RNP1
DF	NB205			L	1000		≥3%	RNP1
RWY31 等待								
HM	NB203	Y	308	R	by ATC	MAX400		RNP1
HM	NB305	Y	065	L	by ATC	MAX400		RNP1

修改：新图

ZSNB-4M 中国民用航空局 CAAC 教学用图 EFF2013-8-22 2013-7-15

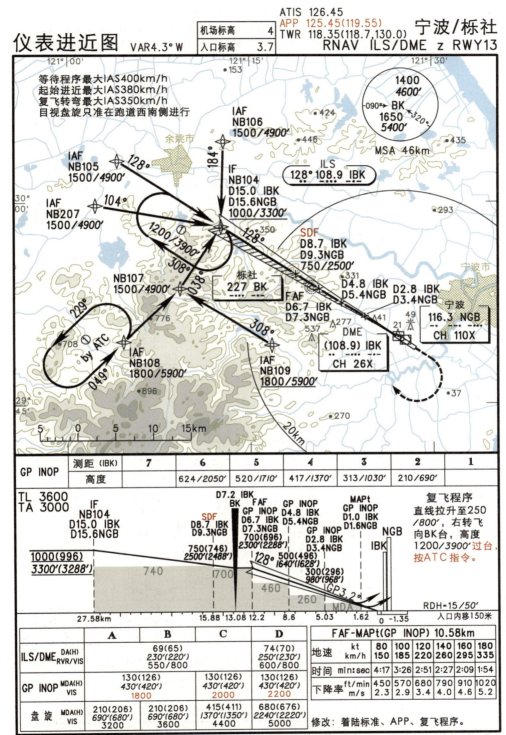

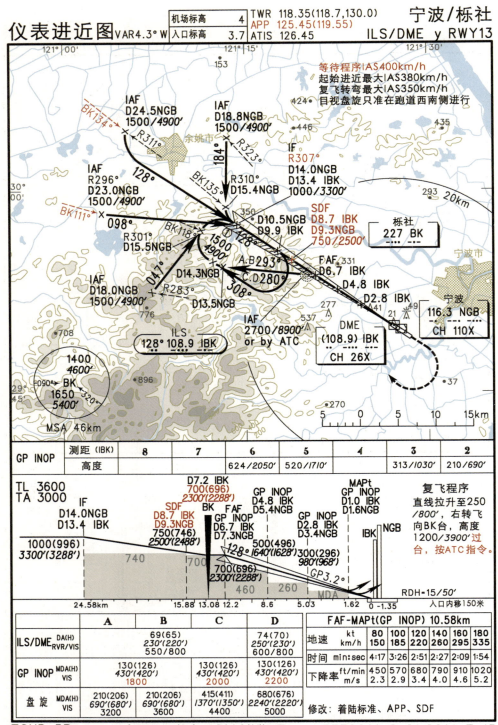

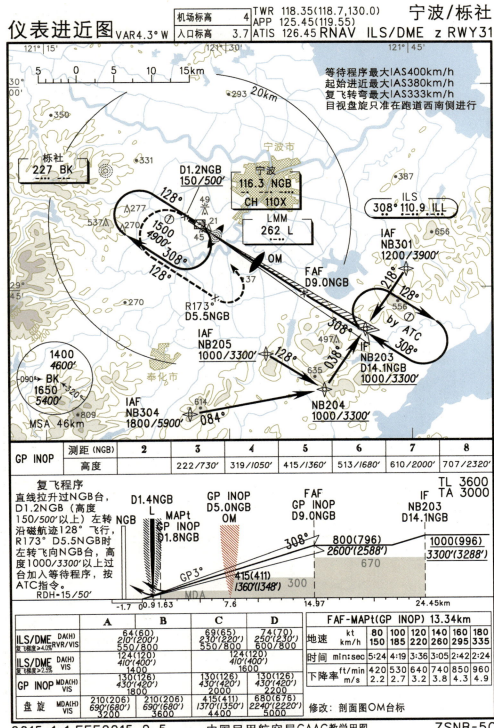

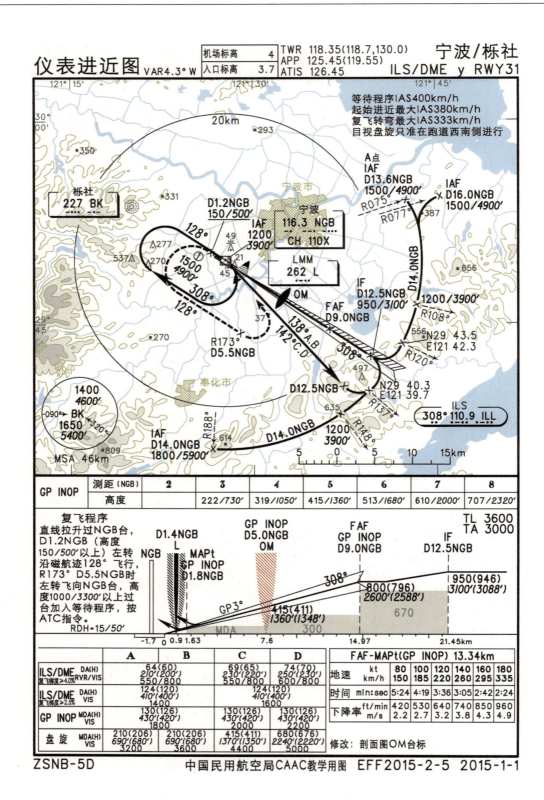

附录 B 宁波/栎社机场的终端区图

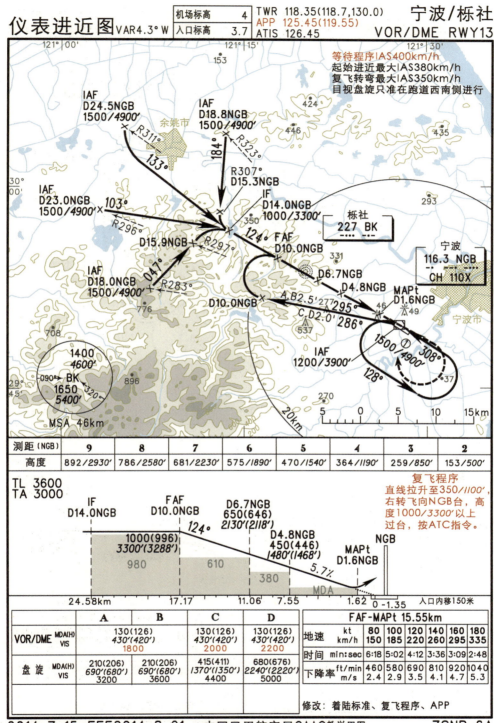

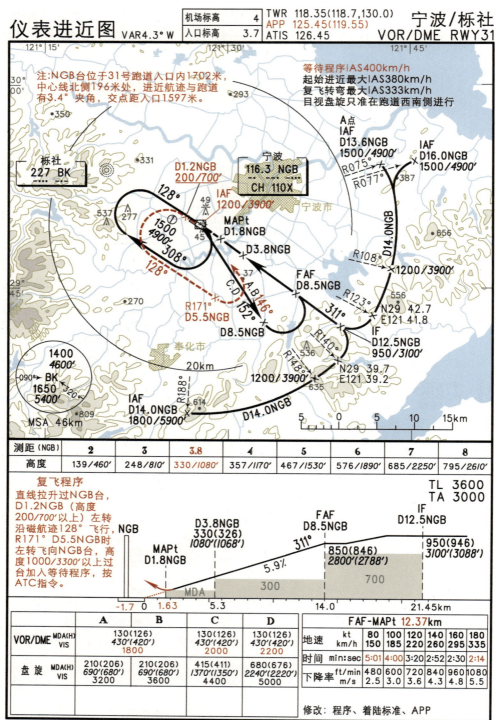

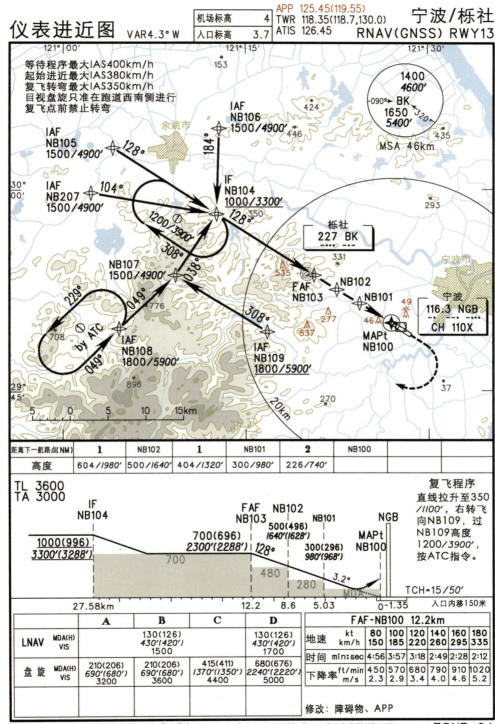

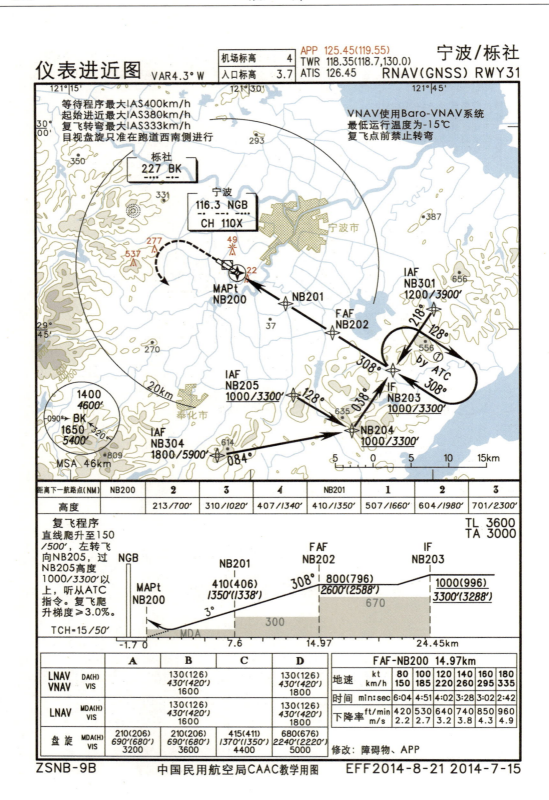

宁波/栎社机场的机场障碍物-A 型（运行限制）图请扫描以下二维码。

参 考 文 献

[1] ICAO. Annex 4 to the Convention on International Civil Aviation, Aeronautical Charts. Eleventh Edition, 2009.

[2] ICAO. Doc 8168-Aircraft Operations：Volume Ⅱ Construction of Visual and Instrument Flight Procedures. Sixth Edition, 2014.

[3] 中国民用航空局. 民用航空图编绘规范：MH/T 4019—2012, 2012.

[4] 中国民用航空局飞行标准司. 民用航空机场运行最低标准制定与实施准则 AC-97-FS-2011-01, 2011.

[5] 中国民用航空局. 民用航空情报工作规则（CCAR-175TM-R1），2010.

[6] 中国民用航空局. 中国民用航空空中交通管理规则（CCAR-93TM-R2），1999.

[7] 祝国瑞，郭礼珍. 地图设计与编绘. 武汉：武汉大学出版社，2010.

[8] 方学东，由扬. 杰普逊航图教程. 北京：中国民航出版社，2008.

[9] 许学伊，马式观. 英汉对照杰普逊航图入门. 北京：中国民航出版社，1991.

[10] 陈恳，何光勤. 航行情报服务. 成都：西南交通大学出版社，2003.